容易上手的水培花卉养护

主编　张华颖

副主编　孙菁

编者　仇继东　李仕宝　谢俊萍　史慧玲　尹川
冯国信　徐璇　孙海波
韩玉珊　贺宏达　王云
孟洪武　苗博英　张金来　周洪义　刘耕春　霍文娟
陈喜建　樊春芬　李鹏　刘秀杰　孟昭璐

U0324316

天津出版传媒集团

天津科技翻译出版有限公司

图书在版编目（CIP）数据

容易上手的水培花卉养护 / 张华颖，仇继东，霍文娟主编. —天津：天津科技翻译出版有限公司，2014.1
　ISBN 978-7-5433-3301-7

Ⅰ. ①容… Ⅱ. ①张… ②仇… ③霍… Ⅲ. ①花卉—水培 Ⅳ. ① S68

中国版本图书馆 CIP 数据核字 (2013) 第 233566 号

出　　版：天津科技翻译出版有限公司
出 版 人：刘　庆
地　　址：天津市南开区白堤路 244 号
邮政编码：300192
电　　话：(022) 87894896
传　　真：(022) 87895650
网　　址：www.tsttpc.com
印　　刷：唐山天意印刷有限责任公司
发　　行：全国新华书店
版本记录：787×1092　16 开本　9 印张　80 千字　配图 400 幅
　　　　　2014 年 1 月第 1 版　2014 年 1 月第 1 次印刷
定　　价：39.80 元

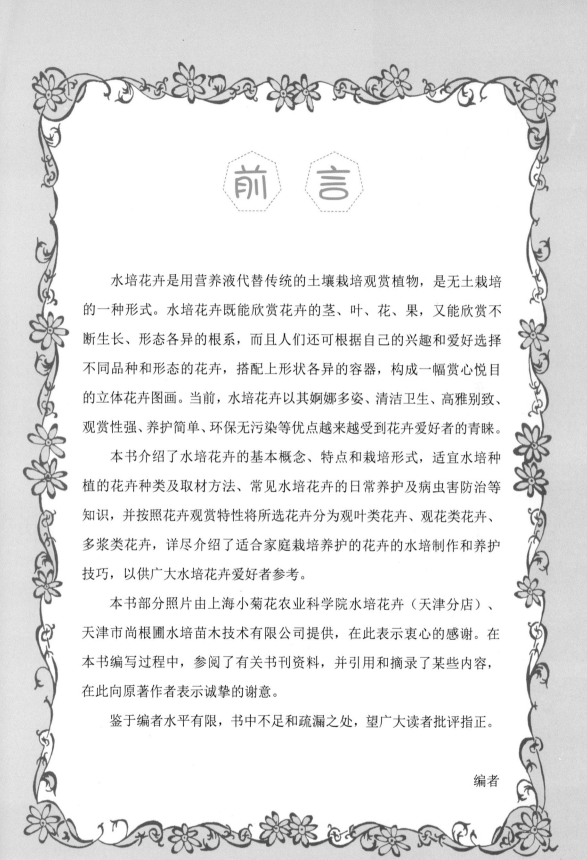

前言

　　水培花卉是用营养液代替传统的土壤栽培观赏植物，是无土栽培的一种形式。水培花卉既能欣赏花卉的茎、叶、花、果，又能欣赏不断生长、形态各异的根系，而且人们还可根据自己的兴趣和爱好选择不同品种和形态的花卉，搭配上形状各异的容器，构成一幅赏心悦目的立体花卉图画。当前，水培花卉以其婀娜多姿、清洁卫生、高雅别致、观赏性强、养护简单、环保无污染等优点越来越受到花卉爱好者的青睐。

　　本书介绍了水培花卉的基本概念、特点和栽培形式，适宜水培种植的花卉种类及取材方法、常见水培花卉的日常养护及病虫害防治等知识，并按照花卉观赏特性将所选花卉分为观叶类花卉、观花类花卉、多浆类花卉，详尽介绍了适合家庭栽培养护的花卉的水培制作和养护技巧，以供广大水培花卉爱好者参考。

　　本书部分照片由上海小菊花农业科学院水培花卉（天津分店）、天津市尚根圃水培苗木技术有限公司提供，在此表示衷心的感谢。在本书编写过程中，参阅了有关书刊资料，并引用和摘录了某些内容，在此向原著作者表示诚挚的谢意。

　　鉴于编者水平有限，书中不足和疏漏之处，望广大读者批评指正。

编者

目 录

第一章　水培花卉概述

第二章　水培花卉养护的基础知识

第三章　水培花卉的栽培与养护

第一章

水培花卉概述

🌱 水培花卉的概念

水栽花卉是指以水为介质，将花卉直接栽养固定在盛水的透明器皿中，并施以生长所需的营养元素，以供居家、办公绿化装饰的一种新型栽培方法。也就是说，通过对陆生花卉植物的根系进行诱变、驯化，使其能完全适应水生环境，能在水中正常生长、释放氧气、吸收二氧化碳、净化空气，甚至开花结果。水培花卉以其清洁卫生、高雅别致、观赏性强、环保无污染等优点得到花卉爱好者的青睐，是人们生活水平提高后进行花卉消费的一种新产品。

🌱 水培花卉的特点

水培花卉作为一种环保型的养花方式，与传统的土培花卉相比，具有精巧美观、多姿多彩、清洁环保、养护简单、清新别致、生长效率高等特点，是未来植物栽培技术的趋势和发展方向。

清洁环保，美观时尚

水培花卉生长在清澈透明的水中，没有泥土，不施传统的肥料，避免了传统施肥技术由于肥料挥发产生的异味，不会滋生病毒、细菌、蚊虫，更无异味，使整个空间空气更清新。

花鱼共养，观赏性强

传统盆栽花卉只能欣赏花卉的地上部分，即茎、叶、花、果等，水培花卉因生长在清澈透明的水中，不仅能观赏花、叶，还可以观赏到平时不常看到的根系生长的过程和它们千姿百态的美。花鱼共养的立体种植，上面红花绿叶，下面须根飘洒，水中鱼儿畅游，使得室内别有一番情趣。

操作简单，养护方便

水培花卉日常管理十分简单，除了夏天15天、冬天30天左右换水一次，加少许营养液外，它不需格外的护理，平时只需在干燥的季节或在空调的环境中叶面喷喷水、擦擦灰即可，省时、省事、省钱、省心！

自由组合，千姿百态

各种水培花卉既可像普通花卉一样一株一盆，也可以像鲜花那样随意组合起来培养，形成精美的艺术品。如将几种水培花卉组合在一起可组成"龙凤呈祥"、"健康长寿"等。还可将不同花期的水培花卉组合成四季盆景，表达生意常年红火、四季兴隆的美好祝愿。

净化空气，有益健康

居室、办公摆放水培花卉，其枝叶可释放氧气，吸收二氧化碳，还可吸收对人体有害的气体，增加室内空气湿度，调节小气候，怡人心情。特别是北方冬天因取暖导致室内的空气干燥，种植水培花卉后，相当于在室内放置了一台天然加湿器，大大增加了室内空气湿度，有益身心健康。有些植物如吊兰、虎尾兰、一叶兰、龟背竹等吸收甲醛的能力特别强，铁树、菊花、石榴、山茶等能有效地清除二氧化碳、氯、乙醚、乙烯、一氧化碳、过氧化氮等有害物质。

中国室内环境监测工作委员会在利用植物净化环境的课题研究中，经过测试和评价，按每平方米植物叶面积，24小时净化空气中的有害物质计算，常见花卉净化有害气体的效果如下。

绿萝可以清除0.59毫克的甲醛，2.48毫克的氨。

常春藤可以清除1.48毫克的甲醛，0.91毫克的苯。

发财树可以清除0.48毫克的甲醛，2.37毫克的氨。

散尾葵可以清除0.38毫克的甲醛，1.57毫克的氨。

白鹤芋可以清除1.09毫克的甲醛，3.53毫克的氨。

孔雀竹芋可以清除0.86毫克的甲醛，2.91毫克的氨。

形式多样，立体种植

水培花卉可以其独特的生存方式，多层种养，组合成立体盆栽艺术品。既可将水培花卉培养在饭桌、电脑桌、办公桌、茶几、吧台上，形成生态环境，也可将其融入山、水、鱼、桥等大型园林工程，形成花在水中长，鱼在池中游的景象，景色新颖，高雅别致。

🌿 水培花卉的栽培形式

　　水培花卉分为直接水培花卉、浮式水培花卉、雾化水培花卉、营养液膜下栽培等多种形式。每种栽培形式各有优势，但如果只是从美观耐看和居家、办公栽培适用性来衡量，则以直接水培最时尚、最美观和最简单，所以现在市场上销售的水培植物大都是直接水培的形式。

第二章

水培花卉养护的基础知识

适宜水培种植的花卉种类

水培花卉多为居家、办公室内栽培欣赏，由于光照的原因，宜选择叶片浓绿、枝梢粗壮、根系发达、株型美观且较耐阴的花卉品种。不宜选择正在开花或果实将近成熟期的植株，以及枝叶生长极旺、嫩枝抽发量极大的植株。常见适合水培的花卉依据观赏部位划分为四大类。

观叶类

如绿巨人、白掌、春羽、金钻蔓绿绒、龟背竹、绿萝、滴水观音、丛生春羽、合果芋、吊兰、万年青、金钱树、观音莲、肾蕨、鸟巢蕨、铁线蕨、巴西铁、巴西木、富贵竹、袖珍椰子、散尾葵、孔雀竹芋、常春藤、鹅掌柴、彩叶草等。

观花类

如风信子、郁金香、君子兰、朱顶红、仙客来、蝴蝶兰、凤梨等。

多浆类

如龙舌兰、仙人球、金琥、芦荟、蟹爪兰等。

观果类

如彩色辣椒、草莓、观赏番茄、朱砂根等。

水培容器的选择及栽培方法

水培花卉具有展现观赏花卉根系之美的特点，因此容器应选择清晰、透明度高的器皿。容器的大小、高矮、形状、颜色、质地等要与水培花卉的质地、姿态、体量、风格等相协调，使器皿、花材与室内环境风格和谐统一，布置摆放相彰，从而达到理想的观赏效果。现在市场上透明的玻璃花瓶、塑料花瓶、有机玻璃花瓶等器皿的种类越来越多，造型千姿百态，与土栽的花盆相比，更为高雅，更能与室内环境相配合，提高装饰效果和品位。

大家可以在花店买到自己满意的水培花卉容器，同时也可以自己动手将家中现有的一些用具，如桶、盆、杯、饮料瓶、白色聚苯硬泡沫箱（盒）等，稍加改造，成为大小不等、造型各异的水培花卉容器，既能因地制宜、物尽其用，又可绿化周边环境，同时也是充分发挥想象力的艺术创造，其乐趣并不亚于种花本身。容器选好后，还要有垫基物，垫基物一般置于水培容器的底部，主要起稳定植株的作用，如鹅卵石、黄沙、珍珠岩等，以外观雅致、形态各异的小卵石最好。容器和垫基物用前应清洗消毒。种植水培花卉除了要准备上述物品外，还需要营养液、剪刀、加液水壶、工作手套等用具。

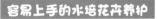

瓶罐类

如金属饮料罐、玻璃或塑料的大口瓶、纸质涂箔方形饮料盒等，原本就是盛装液体的，只要将原内容物冲洗干净，即可作为水培载体备用。

定植杯：根据所选容器口部的大小，选用大小正好放入口部 1/3 左右的塑料冷饮杯，作为锚定植物的载体。将杯底部抠出"井"字形孔洞，以便根系能经此杯底伸入营养液中，而植株的锚定物又不致漏出。开孔还兼有透气的功能。

植株的锚定：准备一块 8 厘米 ×12 厘米左右，做衣服衬垫用的无纺布，将欲水培的植株苗或买来的带土盆花，轻轻地漂洗掉泥土，不要损伤根系。用无纺布将根系包裹好，再用多孔塑料海绵、少量岩棉、玻璃棉或插花泥等将植株锚定在塑料定植杯内。将包裹着根系的无纺布卷连同露出的根系，一起浸入盛有营养液的瓶罐中。必须注意，营养液面距定植杯底应保证有不小于 1 厘米的空间距离，这是水培成功的关键。借助于无纺布的渗吸作用，使营养液源源不断地供给根系以营养，经过半个月左右，营养液随着作物的长大和蒸腾而日渐减少。当液位降至容器高的 1/4 时，可添加新的营养液，这时液面离定植杯底的距离可大一些，约 3 厘米左右。

水培管理：若用透明玻璃容器，则必须用遮光物套住瓶体，以免阳光直射而滋生藻类，与栽培物争夺营养。夏天为防止因日光暴晒而导致液温大幅度上升，最好有遮阳措施，或置于阳光不能直射的地方。

箱盒类

🌿箱体：通常作为包装防震用的聚苯类白色硬质泡沫箱，或具有一定强度的瓦楞纸板箱、木板箱等均可利用，一般为 35 厘米 ×25 厘米 ×15 厘米或 60 厘米 ×40 厘米 ×16 厘米左右。如箱底（体）有空洞，用木板或泡沫板铺平即可。箱内衬以黑色农用薄膜，以防营养液渗漏。如确认箱体不会渗漏，又不透光，则可免用薄膜。若无黑膜，其他薄膜也可代用。

🌿上盖：上盖兼定植板的功能。找一块与箱子面积一样的、厚 2.5 厘米左右的聚苯类泡沫板作为上盖兼定植板。板上开一定数量的直径 6 厘米左右的定植孔。与瓶罐类一样，只要能将所选用的塑料冷饮杯放置其中，露出约 1/2 杯高即可。定植孔穴的数量视箱子大小而定，一般为 6 ～ 16 穴。另在上盖侧旁，靠近箱体内侧开一直径为 2 厘米的小孔，作为平时窥测营养液的液位和添加营养液之用。

🌿定植杯：选材和制备同瓶罐类。

🌿浮板：取一块比箱内净面积四周各小 2.5 ～ 3 厘米、厚 2.5 ～ 3 厘米的聚苯泡沫板作为浮板，上面有规则地开些直径 1 ～ 2 厘米的小孔，用以增加浮板的空气含量，并利于根系伸入营养液之中。浮板上铺一层薄岩棉（干时厚 1 厘米左右），或同样厚度的玻璃棉，或 25 ～ 50 克 / 平方米的无纺布，作为渗吸营养液之用。渗吸棉层的面积比浮板四周各多出约 6 厘米左右，使铺在浮板上的多余部分能从浮板四周自由下垂（如同围裙），浸入营养液中渗吸营养液，借以保证浮板上形成具有营养液的潮湿层。植物的根系能在浮板上自由伸展，更多地直接接触空气。另一部分根系仍可经浮板四边，或从浮板上的小孔伸入营养液中吸收养分。用这种方法可以弥补一般静水培不能循环营养液和充氧的不利环境。

🌿水培管理：将调配好的营养液倒入栽培箱内。刚定植时，液位应略高一些，控制在营养液正好碰到从定植杯中伸出的无纺布根卷，以便营养液能渗吸上去。最高液位一定要在栽培箱内留有一定的空间。当营养液随着植物的吸收、蒸腾而减少至 3 ～ 5 厘米时，应添加营养液，直至液深为 10 厘米左右。

当营养液的养分发生大幅度变化或沉淀、混浊、恶臭及被病原菌感染时，应酌情更新营养液，甚至全部更换。

🌿 水培花卉的取材方法

水培花卉的取材可分为 5 种，即洗根法、水插法、剪取走茎小株法、切割蘖芽法、播种法。

洗根法

这种方法是直接采用一般的土培苗，洗根后移植到水培容器中的做法，此法适用于多种花卉由土培改为水培。具体做法如下。

🌱选取生长强壮、株型好看的成型盆花，用手轻敲花盆的四周，待土松动后可将整株植物从盆中脱出，先用手轻轻把过多的泥土去除，再用水冲洗掉根部的泥土或其他介质。

🌱修剪掉枯萎根、烂根、短截过长的根；对于根系十分繁茂的，可修去 1/3 ～ 1/2 的须根。修根有利于水栽植株根系的再生，提早萌发新的根系，从而促进植株对营养物质的吸收。若是丛生植株，株丛过大，可用利刀分割成 2 ～ 3 株。

🌱修剪完成后，先将植株的根部浸泡在浓度为 0.05% ～ 0.1% 的高锰酸钾溶液中 20 ～ 30 分钟，装入准备好的玻璃容器或分别插进定植杯的网孔中，尽量使根系舒展散开，同时要小心操作，不要再损伤根系。将清水养护的植物放置在偏阴处，不得受阳光直射；当空气干燥时，可向叶面及四周喷雾，保持空气湿润。

🌱注入没过根系 1/2 ～ 2/3 的自来水，让根的上端暴露在空气中。第 1 周，每天换水一次。对于刚换盆的水培花卉，因其根部新创伤口多，容易腐烂，故须勤换水。高温天气，水中含氧量减少，植株呼吸作用加强，消耗氧量多，更要勤换水，最好每天都换，直至花卉在水中长出白色的新根后，再逐渐减少换水次数。

花卉在水中长出新根，说明该花卉已经适应了水培环境，此时可改用营养液栽培。植株由土培改为水培，由于介质的改变，初期根系不完全适应，有些植株的老根只有少量保存下来，大部分须根枯萎、腐烂。经过一段时间的换水养护，可逐渐适应新的环境，茎基部能萌生新根，老根上也会长出侧根，如吊兰、鹅掌柴、美叶观音莲等都会有这种现象。也有的花卉在改变栽培条件后，仅有极少部分根系枯萎，原有的根大部分能适应水培环境，并诱生出粗壮的水生根，如万年青、富贵竹、巴西木、红掌等，它们对水培有较强的适应性。

土培盆栽

步骤一：将盆周围的土松动

步骤二：去盆

步骤三：去土

步骤四：洗根

步骤五：根部泥土基本洗净

步骤六：置于水培容器中

步骤七：脱土去盆后的成品

土培盆栽

脱土去盆后的水培花

水插法

这也是水培花卉常用、简便和容易栽培成功的方法。利用植物的再生能力在母株上截取茎、枝的一部分插入水里，在适宜的环境下生根、发芽，长成为新的植株。具体方法如下。

❧选择生长健壮、节间紧凑、无病虫害的植株。在选定截取枝条的下端 0.3～0.5 厘米处，用快刀切下，切面要平滑，切口部位不得挤压，更不可有纵向裂痕。

❧切割后的枝条有伤口，水插前要冲洗干净。将切下的枝条摘除下端叶片，尽快插入水中，防止脱水影响成活。切取带有气生根的枝条时，应保护好气生根，并将其同时插入水中，气生根可变为营养根，并对植株起支撑作用。切取多肉植物的枝条时，应将插穗放置于凉爽通风处晾干伤口 2～3 天，让伤口充分干燥，然后再插入水中。

❧注入容器内的水位以浸没插条的 1/3～1/2 为宜（多肉植物插条时，让插穗剪口贴近水面，但勿沾水，以免剪口浸在水中引起腐烂）。为保持水质清、纯，提高溶解氧含量，3～5 天换水一次，同时冲洗枝条，洗净容器，经 7～10 天即可萌根。经过 30 天左右的养护，大多数水插枝条都能长出新根，当根长至 5～10 厘米时，使用低浓度水培花卉营养液栽培。

用水插法取得水培花卉植株，虽然操作简单，成活率高，但有时也会发生插条切口受微生物侵染而腐烂的情况。此时应将插条腐烂部分截除，用浓度为 0.05%～0.1% 的高锰酸钾溶液浸泡 20～30 分钟，再用清水漂洗，重新插入清水中。经过消毒处理后的插条一般不会再腐烂，仍然可以培育成新的植株。

剪取走茎小株法

有些花卉如吊兰、虎耳草、凤梨等在生长过程中长出走茎，走茎上长有一株或多株小植株，可利用花卉的这一特性，摘取成型的小植株进行水培。小株上大多带有少量发育完整的根，摘取后直接用小口径的容器水培。使用容器的口径不可过大，以能支撑住植株的下部叶片为宜，防止植株跌落到容器里。注入容器里的水达到根尖端即可，不得没过根的上端。7～10 天换水一次。当小植株的根向水里生长延伸至 10 厘米左右时，改用水培营养液进行培育。

切割蘖芽法

对于有生长蘖芽的花卉如凤梨、君子兰、芦荟、虎尾兰等，剥取植株的蘖芽进行水培栽植，既简单又容易成活，并且不受季节限制。方法如下。

☙选蘖芽较大、已成型的植株，去除上部土壤，露出与母株相连的部位，用手或利刀将蘖芽剥离母株（保护好蘖芽的根），用水将其根部冲洗干净。

☙用海绵裹住蘖芽的茎基部固定在容器的上口，调整至根尖触及水面，或略微伸至水面以下。

☙5～7天换水一次，一般20～25天后，君子兰在假鳞茎的下端、凤梨在叶丛基部、芦荟和虎尾兰在茎基部能长出新根。继续养护15～20天，根长到一定长度后，即可改用水培营养液栽培。

播种法

对于有种子的花卉（如四季秋海棠），也可用播种的方法获得水培植株。方法如下。

☙将种子点播于装有基质的秧盘内，保持基质湿润。

☙将播种秧盘架于水面上，离水面1～2厘米，7～10天后种子开始萌发。生根后，根系慢慢延伸于水面。在水环境下，新生根系直接诱变成水生根系，能很快适应水环境生长。

☙当根系长至5～10厘米时，移植于定植篮，注意不要碰伤幼根。同时上瓶，改用营养液栽培，调整根尖略微伸至液面以下，再进行正常的养护管理。

❀ 水培花卉的适宜生长条件

水培花卉只是改变了花卉的栽培方式，并没有改变花卉的生长习性，其生长发育仍然受到温度、光照、通风状况等环境因素的影响，夏季的酷暑高温、冬季的寒冷低温都会影响水培花卉的正常生长发育。水培花卉的管理与土壤栽培或基质栽培相比，虽比较简单，技术性不十分复杂，但在整个水培过程中，只有更进一步了解水培花卉的生长习性，特别是对光照、温度的可耐程度，才能养好水培花卉。

温度

温度是保证花卉正常生长的重要因子。水培花卉一般属不耐寒性花卉，生长适温一般为 15℃～28℃。当气温降至 10℃以下时，有些花卉生长停滞，叶色失去光泽；低于 5℃时大多数观叶植物会受到不同程度的伤害，出现叶边焦枯、老叶发黄、萎蔫脱落甚至死亡等现象。经常处在高温营养液中，水培花卉的根系会变成黑褐色，严重时还会腐烂，甚至导致全株死亡。因此，夏季要防止阳光直晒水盆，以免盆内的水发烫，损伤植株根系。冬天需要保持 5℃以上的温度，5℃以上多数花卉都不会死亡，少数花卉可以根据品种特性在 0℃越冬。

在没有调节环境温度的设施及能力时，不妨选择对温度适应范围较宽的花卉，如龟背竹、马蹄莲、常春藤、君子兰等花卉进行水培。另外，可用废弃的泡沫塑料板，按照水培器皿外形尺寸的大小切割后，拼接粘合，将器皿包裹起来。室温低于 10℃时，可在水培花卉上覆盖旧报纸、塑料薄膜，或将水温提高到 18℃以上都有很好的效果。

光照

不同植物对光照强度的要求是不一样的，因此在家庭观赏时必须考虑摆放的位置和光线的强度。按花卉对光照的要求可以分为 3 类。全光类：需要强光照的阳生植物，应摆放在阳台、南面窗台等处，如小叶榕、梭鱼草等。半阴类：能耐阴但需要充足的散射光，可摆放在室内明亮的地方，如芦荟、朱蕉等。耐阴类：极耐阴，摆放在室内光线差的地方也能正常生长，如合果芋、万年青、绿巨人等。

水培花卉选取的花材多数为耐阴的观叶花卉及花、叶兼赏花卉，它们对光线有各自的要求，如合果芋、白玉万年青、银苞芋、花叶芋、龟背竹、鹅掌柴、花烛、凤梨、棕竹、也门铁、朱蕉、发财树、龙血树等花卉喜温暖、湿润，略耐荫蔽，忌高温、干热。夏季最好将水培花卉放置在光线明亮、湿度稍高、较凉爽、有良好通风的环境，忌阳光直晒，但也不能过于荫蔽，以免花卉光合作用受阻，长势衰弱，茎节伸长，叶质变薄，造成有色块、彩纹的花卉的叶片失去光泽。

植物生长有趋光性，摆放水培花卉的朝向，应定时转动，这项工作可结合清洗器皿、更换营养液同时完成，将根系清洗后的花卉相对原来的朝向转动 180 度，就能使花卉不会偏向一侧生长，顶梢始终挺拔向上。

水分

水分在植物生命活动中有着非常重要的作用，一般认为水培植物的根系浸没在营养液中，对水分的吸收应不成问题，然而事实远非如此，若平时处理不慎，"水"也会成为植物能否水培成功的关键因子。花卉水培时，营养液中除一部分矿质元素被吸收外，其余的都残留在水里。当残留的物质累积到一定程度时，就会为害花卉的生长。水中的氧气含量会随着花卉的生长而日渐减少，当减少至一定数量时，也会对花卉的生长产生影响。换水是改善水质的重要手段，换水时间的间隔长短和气温、植物种类、生长发育期及水中微生物活跃程度等有密切关系。

换水次数。实验证明水中含氧量和气温高低基本成反比。当气温高时，水中氧常会逸出水面而使氧含量降低；气温低时，水中氧含量则高。春、秋两季特别是晚春、早秋的温度是植物生长的最适点温度，虽然植物因生长发育旺盛而需氧量增多，但水中氧含量并不缺少，因此春、秋季节可1周左右换清水一次。冬季温度低，水中氧含量充足，另一方面植物因处在休眠期，生长停止或缓慢而消耗氧量少，因此换水时间间隔可长些，一般10～15天换水一次。夏季高温，水中含氧量因气温高而减少，又因植物呼吸旺盛而消耗氧气量多，同时水中微生物生长和繁殖也加剧了氧气的消耗和对根系伤害的机会，容易造成水质变坏、发臭，所以夏季一般2～3天换水一次，特殊情况还要缩短换水时间，并随时注意水质的变化。

换水方法。先用清水冲洗根部，除去黏液并剪除烂根和黄叶，然后将容器冲洗干净，保持容器的透明度和清洁度，向容器中注入清水，一般以浸没根系长度的2/3为宜，使部分根系露在水面以上有利于吸收空气中的氧气。平时应注意水分的消耗，当水分消耗为原水量的20%～30%以后，必须加清水补充到原水位的高度。换清水的时间应和更换营养液的时间同步并协调，以免造成浪费而对植物生长不利。

水培水源。水培用的清水以纯净水最适宜。纯净水含杂质少，对营养液中的化学成分影响小，可保证营养液的稳定。自来水也可应用，因自来水中的含菌量和杂质在生产过程中已受到有效控制，同时自来水取之方便。换水的温度不宜过分低于气温，特别在夏季。如水温过分低于气温，根系突遇低温水会致痉挛、窒息而失去吸收功能，甚至死亡。所以换水时可先将清水放置半天，使水温接近于气温后再用。

营养

水培花卉单靠自来水中的养料是不够的，需要施肥。水培花卉的肥料与土栽不一样，需要专用的营养液。观叶为主的花卉选用观叶类配方的营养液。观花植物不同的时期应选用不同配方的营养液，营养生长时期选用氮含量高些的营养液，生殖生长时期选用磷钾含量较高的营养液。营养液的浓度应保持在一定的范围内，大多数花卉要求总量保持在 0.2%～0.3% 之间，营养液浓度过高或过低，均不利于水培花卉根系对营养元素的吸收，影响花卉的生长。

一种好的营养液，必须具有较强的缓冲能力，可以稳定植物的生长环境，保证养分的平衡。水培花卉植物根系浸泡在营养液里，营养液的缓冲能力相对比基质差一些，由于植物的新陈代谢，新根不断生出，而且根系也可能会分泌一些有毒物质，对根系生长发育产生不利影响。再者，由于不同花卉对养分的吸收是有选择性的，因此常造成营养液中养分不平衡，有时会引起缺乏营养元素，产生生理病害。另外温度对 pH 值的影响也会造成养分不平衡，尤其在水培方式中表现明显。应注意辨别花卉的根色以判断是否生长良好。光线、温度、营养液浓度恰当的全根或根系是白色的，也有植物的根呈其他颜色。注意营养液使用不要过量，严禁缩短加营养液的时间间隔。营养液一般春、秋、冬季 30 天换一次，夏季 15～20 天换一次。当发现营养液中发生藻类时也应及时更换。

为了提高花卉的品质，可采用叶面施肥的方法补充营养元素。在花卉营养生长期，可用 0.2% 的硝酸钾稀释液喷施叶面。应采用细孔喷壶，尽量不要使肥液流失，叶子的背面也要喷到，每星期喷施 1 次，生长期喷 2 次，能使水培花卉枝繁叶茂。适宜观叶同时又能赏花的花卉，如银苞芋、四季秋海棠、竹节海棠、马蹄莲等，可在现蕾期每星期用 0.15% 的磷酸二氢钾稀释液，向叶面喷布一次，直到花朵开放。

氧气

植物只有在空气流通的环境下才能正常生长。在土栽花卉中，由于土壤颗粒有空隙，空气可以流通交换，有足够的氧气保证根系呼吸所需。水培花卉以水为基质，生长的好坏与水中含氧量有直接关系，而水中含氧量的多少，又与室内通风状况的好坏有关。在室内通风不良时，水中的含氧量迅速减少，会造成水培花卉长势越来越差，产生叶子发黄甚至脱落、新梢瘦弱干瘪的现象。摆放水培花卉的场所，应该定时开启门窗，形成空气对流，让外界的新鲜空气进入室内，这样可以增加营养液里溶解氧的含量，以保持室内空气清新和花卉良好生长。

家养水培花卉增加溶解氧的方法如下。

🌿振动增氧。器皿较小的水培花卉，只要根系清晰无损伤，营养液透彻，可以用振动法增氧。操作方法：一只手固定花卉，另一只手握住器皿，轻轻摇动10余次，摇动后的营养液溶解氧含量能够提高30%以上。营养液混浊、根系发育不良的水培花卉不宜采用振动增氧的方法，必须彻底更换营养液。

🌿增加换水次数。更换营养液是增加溶解氧最简易的方法。经测量，新鲜营养液溶解氧含量较原液增加70%～90%，能及时改善花卉生理缺氧的状况。换水就是更换瓶中加了营养液的水。一般情况下，春、秋季5～10天换水一次；夏季2～3天左右换水一次；冬季10～20天换水一次。室内水培花卉应该选用软水作为水源，一般可使用符合国家标准的自来水。把自来水放置两小时至半天以后，温度接近室温、水中的氯气等挥发干净以后，再按比例加入买来的营养液，就成了可以养水培植物的营养液了。换液时应该耐心地用清水冲洗根系，剔除枯萎根、腐烂根，将老化根截短促生新根。

🌿在营养液中加入适量的"固态氧"或添进1%的过氧化氢（3%过氧化氢亦可）。

🌿采用微型潜水泵或增氧泵（均为水族箱标准制品）对营养液进行曝气，植物根系在这样的环境中可获得充足的氧气，能使花卉健壮生长。

小环境

观叶花卉的原产地大多是温暖湿润的环境。静止水培也需要营造一个较为湿润的环境，才能使其生长良好。简单的方法是向花卉叶面喷雾（为防止喷出的水雾浸湿家具，可以搬到阳台上或室外操作，喷雾后再将花卉搬到室内摆放），喷雾时最好用细孔喷头，使喷出的雾珠粘在叶面上，不流淌下来。较坚挺有腊膜的花卉叶子，如龟背竹、君子兰，可用湿毛巾擦抹叶面，既可以增加叶面的湿度，又能清除叶面灰尘。对那些较大型、搬动有困难的花卉，可以用浅盘盛清水摆放在花旁，蒸发的水分同样能增加环境湿度。

有空调的房间，可以达到水培花卉所需要的温度，但是房间里空气干燥，会造成叶片较薄的花卉叶片焦边、叶尖干枯。空调房间同样缺少新鲜空气，使溶解氧含量降低。应该适时通风，这对水培花卉的生长、对人体的健康都是有益的。

💐 水培花卉营养液的配制方法

营养液配方

植物正常生长发育需要16种必需的元素,其中必需的大量元素有氮、磷、钾、钙、镁、硫等,微量元素有铁、铜、锌、锰、硼、钼、氯等。水培花卉以水作为介质,介质不含植物生长所需的营养元素,将植物需要的大量元素和微量元素配置成营养液输入水培清水中,这样才能满足水培花卉生长所需的营养。不同植物其营养液的配方是不同的,营养液配方的选择是水培成功的关键。

表 2-1 常见水培花卉营养液配方 单位: mg/L

配方种类 元素名称	观叶植物营养液配方	斯泰纳营养液配方	霍格兰营养液配方	日本园试营养液配方	汉普营养液配方
$Ca(NO_3)_2$	2492	738	945	945	700
KNO_3	202	303	607	809	700
KH_2PO_4	136	136	–	–	–
K_2SO_4	174	261	–	–	–
NH_4NO_3	40	–	–	–	–
$(NH_4)_2HPO_4$	–	–	115	153	–
$MgSO_4$	120	240	493	493	280
$FeSO_4$	–	–	–	–	120
FeNaEDTA	10	10	20	20	–
$MnSO_4 \cdot 4H_2O$	2.5	2.5	2.13	2.13	0.6
H_3BO_3	2.5	2.5	2.86	2.86	0.6
$ZnSO_4 \cdot 7H_2O$	0.5	0.5	0.22	0.22	0.6
$CuSO_4 \cdot 5H_2O$	0.08	0.08	0.08	0.08	0.6
$Na_2MoO_4 \cdot 2H_2O$	0.12	0.12	–	–	–
$(NH_4)_6Mo_7O_{24} \cdot 4H_2O$	–	–	0.02	0.02	0.6

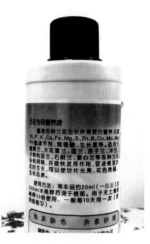

营养液配制注意事项

配制营养液时，注意要把含钙的化合物与磷酸盐和硫酸盐分开溶解，最后再合起来，以免生成磷酸钙或硫酸钙沉淀。为了使用方便，一般将营养液配成 100 倍的母液，使用时再按照配方的浓度稀释。配好的营养液最好用陶瓷、搪瓷、塑料和玻璃器皿避光保存。

配制营养液，最好使用纯净水，因纯净水中杂质、病菌更少，且基本不含植物必需的营养元素，配制成的营养液成分稳定、一致。当然，也可使用自来水配置营养液，但必须充分注意自来水随着水源成分的变化，含有不稳定成分的营养元素，用其配制的营养液成分不稳定，存放时间不宜太长。使用自来水配制营养液还要考虑自来水消毒时使用液氯，若自来水中氯过量，对花卉植物有一定的伤害。因此，使用自来水时应将其储存在较大口径的水桶里搁置几天，并用木棒搅动几次，进行除氯。如急需换水用水，可以在 10 千克的自来水里加入 3～5 粒硫代硫酸钠（俗称大苏打），搅拌均匀，也能起到除氯的效果。

大多数花卉喜欢微酸性的环境，植物对环境中酸碱性的适应性是由植物特性决定的。根据植物根系对环境的适应性将其分为：喜酸性植物、弱酸性植物、近中性植物、弱碱性植物。如喜酸性植物有杜鹃花、凤梨类、蕨类、八仙花、马蹄莲、秋海棠类等，最适的 pH 值在 4.5～5.2 之间；喜弱酸性植物有龟背竹、广东万年青、红宝石、一叶兰、富贵竹、五针松、散尾葵、巴西铁、一品红、袖珍椰子、绿巨人、仙人球等，适合的 pH 值为 5.2～6.3；近中性植物有菊花、月季、文竹、风信子、水仙、香石竹等，适合的 pH 值为 6.3～7.0；喜碱性植物有石榴、葡萄等，它们适合的 pH 值为 7.0以上。要根据不同种类的植物来调节溶液的 pH 值，这样有利于花卉对微量元素的吸收，生理代谢不受干扰，生长正常，叶色碧绿。

水培植物营养缺乏的判断

水培花卉生长需要一定的营养元素，缺乏时表现出不同的症状，有时是因营养液中某种营养不足或缺乏造成的，有时是因营养液酸碱度不适或同时缺乏几种营养元素造成的，应根据其具体表现仔细检查，作出正确诊断并及时对症治疗。

缺氮：生长缓慢，叶色发黄，严重时叶片脱落。

缺磷：呈不正常的暗绿色，或出现灰斑、紫斑，成熟延迟。

缺钾：双子叶植物，叶片先出现缺绿，后出现分散状深色坏死斑；单子叶植物，叶片顶端和边缘细胞先坏死，后向下扩展。

缺钙：芽的发育被抑制，根尖坏死、植株矮小、有暗色皱叶。

缺镁：老叶叶脉间发生缺绿病，开花迟，成浅斑，以后变白，最后成棕色。

缺铁：叶脉间产生明显的缺绿症状，严重时呈灼烧状，与缺镁相似，不同处是通常在较嫩的叶片上发生。

缺氯：叶片先萎蔫，而后变成缺绿和坏死，最后变成青铜色。

缺硼：植株生理紊乱，呈各种各样症状，大多为茎、根顶端分生组织发生死亡。

水培花卉的日常管理

合理施肥

　　水培花卉的介质是水，所用的肥料完全是矿质的无机营养，而且是由多种营养元素（大量元素和微量元素）配制而成的。而对于水中所含营养物质，大家也是比较清楚的，花卉所需的大量元素如氮、磷、钾几乎为空白，所含微量元素与土壤相比，也相差悬殊，远远不能满足花卉的正常需要，因此，对于水培花卉的及时合理施肥，无疑是一项十分重要的管理措施。那么在花对水培花卉的养护中怎样掌握施肥特点、施肥数量、施肥时间及施肥技术呢？

　　❧水培花卉是利用无底孔的盆、瓶、缸等器具，以水为介质，添加营养液进行栽培，因此其施肥技术与其他栽培有所不同。因为土壤栽培的基质为土，而土壤颗粒的表面可以吸附一部分养分，多余的养分还可以通过盆底的漏孔自动流失，所以它对施肥的浓度起到一定的缓冲作用。但水培花卉的施肥就不同了，我们所追施的营养液中的各种营养元素全部溶解在水中，只要稍微超过花卉对肥料浓度的忍耐程度，就会产生为害。由以上特点可知，对水培花卉施肥量及施肥种类的严格控制，是十分重要的一环。因此，在施用营养液时，应注意尽量选用水培花卉专用肥，并严格按照使用说明书使用，严防施用过多，因浓度过大造成肥害。

　　❧在施肥数量和施肥时间上，主要掌握少施、勤施的原则，并根据其换水的次数，一般每换一次水都要加一次营养液，以补充换水时造成的肥料流失。

　　❧水培花卉还要根据其不同情况，进行科学的合理施肥。

　　根据不同花卉种类合理施肥，这是因为不同的花卉种类对肥料的适应能力不一样，根系纤细的花卉种类，如彩叶草、秋海棠等花卉的耐肥性差，不需要大量的肥料和较高的浓度，因此，对其施肥时就应掌握淡、少、稀的原则。而合果芋、红宝石、喜林芋等不少花卉则比较耐肥，可掌握少施、勤施的原则。另外，观叶的花卉，其施肥应以氮肥为主，辅助以磷钾肥，以保证叶片肥厚、叶面光滑、叶色纯正。但必须注意对叶面具有彩色条纹或斑块的花卉种类，要适当少施些氮肥，因其在氮肥过多时会使叶面色彩变淡，甚至消失，应适当增施磷钾肥。对于观花类的花卉，一定要掌握在花芽分化及花芽发育阶段，以磷钾肥为主，适当辅以氮肥，以免造成植株徒长，使营养过剩而影响生殖生长造成花朵小、花朵少、花色淡，甚至不开花的不良后果。

根据季节和气温合理施肥。一般在夏季高温时，花卉对肥料浓度的适应性降低，所以此时应降低施肥的浓度，特别是一些害怕炎热酷暑的花卉，在高温季节即进入休眠状态，花卉体内的生理活动较慢，生长也处于半停止和停止状态。对于此类花卉，此时应停止施肥，以免造成肥害。

根据花卉的生长势施肥。大家知道，室内的光照条件都是比较差的。虽然室内所养观叶花卉大都是喜阴或半喜阴的，但在长时期缺少光照或在光照过弱的情况下，其植株的长势也会比较瘦弱，因此对肥料浓度的适应性也会降低，所以，对在光照条件较差环境中生长不良，或由其他原因造成的植株生长不良，应停止施肥或少施肥，并尽量降低施肥的浓度。

施肥时应注意的几个问题。第一，刚水培的花卉，还未适应水中的环境，常常会出现叶色变黄或个别烂根现象，此时不要急于施肥，可停十天左右，待其适应了新环境或长出新的水生根后再施肥。第二，不要在水中直接施入尿素，因为尿素是一种人工无机合成的有机肥料，水培是在无菌或少菌状态下的栽培，如果直接施用尿素，不但不能吸收，而且还会使一些有害的细菌或微生物很快繁殖而引起水质污染，并对花卉产生氨气侵害而造成花卉中毒。第三，如发现施肥过浓造成花卉的根系腐烂，并导致水质变劣而污染发臭时，应迅速剪除朽根，并及时换水和洗根。

换水洗根

换水洗根是保证水培花卉生长良好的重要一环。那么水培花卉为什么要换水洗根呢？第一，植物生长的条件主要是水分、养分和空气，水培花卉的水分和养分绝对能保证其需要，而水中氧气的含量会随着花卉的生长而日渐减少，当减少到一定程度时，即会对花卉生长产生影响，虽然空气中的氧气会不断向水中补充，但其补充的数量是远远不够的。第二，水培花卉生长在水里的根系，一方面吸收水中的养分，另一方面又向水中排放一些有机物质，也有废物或毒素，并在水中沉积。而这些有机物在土壤栽培时主要是溶解土壤中不易被根系吸收的养分，而废物和毒素则分布在土壤的空间或从盆底的漏孔中流出，不会被根系吸收而影响花卉的正常生长。水培的容器中没有底孔，这些有机物、废物或毒素均沉积在水中，很容易再次被植物吸入体内，如此反复吸收、排泄、再吸收、再排泄地恶性循环，十分不利于花卉的正常生长及发挥正常的生理功能。第三，水培花卉经常向水里施入营养肥，除一部分矿质元素被根系吸收外，其余的则残留在水里，当残留的物质达到一定数量时，也会对花卉产生一定的为害。第四，水培花卉长期生长在水中的根系，会产生一种黏液，黏液多时不但影响花卉根系对营养的吸收，而且还会对水造成污染。由于上述原因，必须对水培花卉进行定期换水和洗根的管理。

那么，我们怎样掌握换水洗根技术和换水洗根时间呢？第一，根据不同的花卉种类及其对水培条件适应的情况，进行定期换水。有些花卉，特别是水生或湿生花卉，十分适应水培的环境，水栽后可较快地在原根系上继续生出新根，且生长良好，对于这些花卉，换水时间间隔可以长一些。而有些花卉水栽后不很适应水培环境，其恢复生长缓慢，甚至水栽后会出现根系腐烂的现象。对于这些花卉，在刚进入水培环境初期，应经常换水，甚至1～2天换水一次，直至萌发出新根，并恢复正常生长之后才能逐渐减少换水次数。第二，根据气温的高低确定适宜的换水间隔。温度越高，植物的呼吸作用越强，消耗的氧气越多，水中的含氧量越少；温度越低，植物的呼吸作用越弱，消耗的氧气越少，水中的含氧量越高。因此在高温季节应勤换水，低温季节换水时间间隔长一些。第三，根据花卉生长强弱进行换水。花卉生长正常且植株强壮的，换水时间长一些；花卉生长不良的，则换水勤一些。根据以上几个方面，对于换水洗根的要求，大致可以掌握以下原则：炎热夏季 2 ～ 3 天换水一次，春、秋季节可一周左右换水一次。冬季的换水时间应长一些，一般 10 ～ 20 天换水一次即可。在换水的同时，要十分细心地洗去根部的黏液，切记不可弄断或弄伤根系。如发现器具、山石等有青苔时，应及时清除。以提高观赏价值和利于花卉正常生长。

换水洗根前

取出植物后

容器清洗后

换水洗根后

喷水洗叶

　　水培花卉特别是室内的水培观叶植物，大多数喜欢较高的空气湿度，如果室内空气过于干燥，会造成叶片焦尖或焦边，从而影响花卉的观赏价值。因此，平时应经常往植株上喷水，从而提高空气的湿度，这也有利于花卉的正常生长。

喷水前

喷水

喷水后

喷水后

喷水后

喷壶

适当通风

水培花卉生长得好坏，与水中含氧量有密切的关系，而水中含氧量的多少，又与室内人员的活动和通风的好坏有关。水培植物的根生长在严重缺氧的静止的水中，在室内通风不良而人员又活动频繁时，水中的含氧量迅速减少，会对水培花卉的生长产生影响，而保持室内良好的通风状况，可增加水中的含氧量。因此，对于养有水培花卉的地方，应加强通风，以保持室内空气清新和花卉良好生长。

及时修剪

对于一些生长茂盛和根系比较发达的水培花卉，当植株的茎秆长得过长影响株型时，应将过长的枝条及时修剪，以免影响观赏，剪下的枝条还可以插入该花卉的器具中，让其生根成长，使整个植株更加丰满完美。剪根的时间最好在春季花卉开始生长时进行，也可以结合换水，随时剪去多余的、老化的、腐烂的根系，以利正常生长。但是一定注意不要伤到水生根，否则会影响植物的生长。水培植物根部上面白白嫩嫩的根就是水生根，有的是从茎基部直接生长出来的，有的是从主根上生长出来的，它们都是负责植物的吸收功能的，一定不要伤着它们。

保持卫生

水培花卉营养液是无机营养，最忌有机物进入水中，更不能用有机肥料。因此，经常保持水培花卉的清洁卫生，是确保其良好生长的关键措施。所以平时不要向水培花卉中投放食物及有机肥料，也不能随意将手伸入水中，以保证所用水质不变质、不污染，使其清洁卫生，保证花卉生长。

冬季保暖

水培花卉冬季保暖工作，是比较难办的一项管理内容，一般温度在8℃以上，大部分水培花卉不至于受害，其最低温度达不到5℃的棚室，必须采用必要的保暖措施。

花鱼共养

现在水培植物中最受大家欢迎的就是花鱼共养的形式，上面的植物绿意盎然，下面活泼的小金鱼在根系间自由穿梭，植物是静的，鱼是动的，一动一静，相得益彰，观赏效果非常好。水培植物瓶中养的金鱼不必经常喂食，如果完全不喂，大概可以活三个月左右，平时它们会吃一些植物腐烂的根等来维持生命；也可以在每次换营养液的前一天喂一次食（一定要少喂），这样鱼吃不完的食物和鱼的排泄物可以及时被清理掉，不会影响植物的生长。

🌱 水培花卉常见病虫害防治

水培花卉虽然摆脱了土壤病虫害的侵染，可它不是生长在经严格消毒后的真空环境中的，仍然会受到摆设环境病虫害的侵害。空气中的真菌、细菌、病毒仍可侵染水培花卉的茎、叶，使其受到不同程度的病变。蚜虫、介壳虫可随风飘至室内，降落到水培花卉上刺吸汁液。飞蛾在花卉上产卵，孵化成幼虫，也会嚼食花卉的嫩叶、茎尖。另外，盆栽花卉脱盆洗根改为水培的同时，有可能会带有真菌、细菌、病毒、虫卵、幼虫等，若不仔细检查清除，会留下隐患。

水培花卉因其摆设环境的特殊性，一旦发生病虫害，不宜使用化学农药杀虫，也不能用大剂量的杀菌剂灭菌。这些药物虽能起到杀虫灭菌的作用，但同时对环境也会造成污染，影响人类健康。

对水培花卉可能发生的病虫害应以预防为主。在选择花卉水培时，尽可能挑选植株健壮、生长茂盛、无病虫害的花卉。水培花卉发生侵染性病害是不多的，只有少数叶片上有褐色病变、干瘪坏死或者有不规则圆形湿渍状病变，这是由真菌或细菌侵染形成的，发现后应将整片病叶摘除烧毁，勿使其蔓延。非侵染性病害不是由病原物侵染引起的，而是由不适宜环境引起的。因此应为水培花卉创造适宜的水培环境，避免非侵染性病害的发生。下面介绍几种水培花卉常见的病虫害及防治措施。

脱节

由于管理不当、根系缺氧烂根、叶斑病等原因，造成水培花卉叶片发黄并大量脱落，下端脱节，失去观赏价值。可采用植株更新的方法处理，在茎节下端3厘米处截取上端尚完好的枝条，插在清水里，经过一段时间的养护管理，即能长出新根，成为独立的植株。下端脱节的枝条，只要不腐烂，也能在茎节部位萌生新芽，此时可改用营养液栽培。

烂根

由于管理等方面的原因植株经常会烂根，温度过低、施肥过浓、病害等都会造成烂根现象，烂根会使水质变劣而影响植株的生长。判断根是否腐烂，一是用鼻子闻一下根的味道，如果有臭味，就证明根已腐烂；二是闻水的味道，如果水有臭味，说明根系可能腐烂变质；三是观察根系的外观，如果根系变色，说明根系已受损。根系腐烂后，用手轻拉根际处，其表皮极易撕脱，只剩下木质化的部分。出现烂根后，要及时剪除，剪除要彻底，不然会继续蔓延，危及植株的正常生长。一般烂根都是从根尖处向上逐渐腐烂，修剪时要剪到正常根系为止。剪除烂根后要天天换水，直到长出新根后再正常管理。

根系的腐烂，造成叶子开始发黄，开始的时候只是几片叶子，但是如果不对根系、水质进行处理，大部分叶子将陆续发黄、萎蔫，最后整株死亡。

正常的植物根系是白色的，柔韧性强。

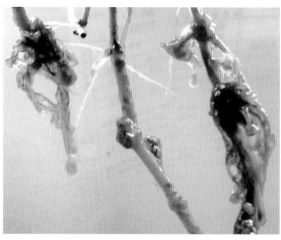

黄叶

水培花卉产生叶片发黄的原因很多，机理较复杂，有时是由一种原因引起的，有时是由几种原因造成的。水培花卉在缺肥、缺素、光线过强或不足、生长环境过于干

旱或潮湿、温度过高或过低时均可引起叶片发黄。因此，发现叶子发黄时要仔细观察，对症下药，才能有针对性地加以防治，收到良好效果。

枝条基部附着黏液甚至发臭

这是由于切口处真菌感染腐烂所致，应剪去腐烂部分，消毒后再水插，同时水插容器也要严格进行消毒处理。

病害

病害种类很多，常见的有灰霉病、叶枯病等，在叶面上形成褐色斑点等症状，可用百菌清、多菌灵、好生灵等杀菌剂防治。

肥害

初次水培花卉的爱好者，很怕施肥不够，而施肥过多容易造成肥害。肥害发生后根系腐烂，叶片暗淡，无光泽。处理方法：及时剪除烂根，换上清水，放入荫处恢复，天天换水，直到长出新根再正常养护。

虫害

在室内水培花卉中虽少有虫害，但有时也会因环境引起红蜘蛛、蚜虫、介壳虫等虫害。在室内的养护环境中，尽量不用化学农药防治，可以用生活中的易得品，如醋酸或家用光触媒自洁剂可抑菌，洗衣粉、辣椒水、蒜汁等可防虫，也可用湿布擦拭或用自来水冲洗清除少量害虫；若大量发生时用氧化乐果 800 倍液喷杀蚜虫、介壳虫，红蜘蛛可用三氯杀螨醇防治。用啤酒液喷叶可壮苗，也会让枝叶浓绿，无菌又无虫，使植物更加美观。

长势不良

由于缺肥或者光照不足可引起长势不良，应当区别对待。缺肥而生长不良的植株，可以添加营养液或叶面施肥解决。光线不足导致植株生长不良的，应改善光照条件，不施肥或少施肥。生长旺盛的春、秋季节，添加营养液的次数多些；夏天温度高、冬季温度低生长缓慢或停顿，施肥次数减少。不同花卉对肥的要求也不同，根系纤细的植物如白花紫露草、鸭趾草、秋海棠、石莲花等不耐肥，施肥浓度宜淡。根系粗壮的金钻蔓绿绒、万年青等较耐肥，施肥浓度可大些。有些植物如白蝴蝶，长期不施肥也能正常生长。

表 2-2　水培花卉常见病害的防治措施

病害名称		栽培措施	药物防治
常见病害	白粉病	及时剪除病叶、病枝，注意通风透光，增施磷钾肥	喷施 70% 甲基托布津可湿性粉剂 700 ～ 800 倍液、50% 代森铵 800 ～ 1000 倍液或 50% 多菌灵可湿性粉剂 500 ～ 1000 倍液
	炭疽病	剪除病叶、病枝并及时烧毁，保持通风透光	喷施 50% 多菌灵可湿性粉剂 500 ～ 1000 倍液、70% 甲基托布津可湿性粉剂 700 ～ 800 倍液、65% 代森锌 600 ～ 800 倍液或 75% 百菌清 800 倍液
	锈病	清理病叶、病枝并及时烧毁，合理施肥，加强通风透光，降低空气湿度	早春萌芽前喷施波美 3 ～ 4 度石硫合剂，生长季喷施 25% 粉锈宁可湿性粉剂 1500 倍液或 65% 代森锌可湿性粉剂 500 ～ 600 倍液
	灰霉病	及时清除病叶、病枝并烧毁，注意通风透光	喷施 50% 代森铵 500 ～ 1000 倍液或 50% 多菌灵 1000 倍液
	叶斑病	及时清除病叶、病枝并烧毁，注意通风透光	喷施 50% 代森锌 600 倍液或 50% 多菌灵可湿性粉剂 500 ～ 1000 倍液
	立枯病	种植前需进行消毒处理	喷施 50% 代森铵 300 ～ 400 倍液或 50% 多菌灵可湿性粉剂 500 ～ 1000 倍液
	褐斑病	及时清除病叶、病枝并烧毁，注意通风透光	喷洒 120 ～ 160 倍等量波尔多液或 65% 代森锌可湿性粉剂 800 ～ 1000 倍液，也可用甲基托布津、百菌清、多菌灵 1000 倍液喷施
	细菌性病害	注意通风，种植前需进行消毒处理	喷施农用链霉素或多菌灵 1000 倍液
	根腐病茎腐病	注意通风，降低湿度	喷施 75% 百菌清可湿性粉剂 800 倍液
	烂根	注意浸水深度	剪除腐烂部分，用甲基托布津 800 倍液浸泡后，置于空气中，将伤口晾干后重新诱导新根
	叶、茎枯病	注意通风，降低湿度	用 50% 克菌丹 800 倍液喷施

表 2-3　水培花卉常见虫害的防治措施

虫害名称		药物防治
常见虫害	蚜虫	零星发生时用毛笔蘸肥皂水或用烟草水（50 倍液）刷掉，大量发生时可喷施 10% 吡虫啉 2000 倍液
	粉虱	用黄板诱杀，或用 2.5% 溴氰菊酯、20% 杀灭菊酯、10% 二氯苯醚菊酯、用 20% 速灭杀丁 2000 倍液喷洒
	介壳虫	少量发生用软刷蘸肥皂水清除，也可结合修剪去除；大量发生时用 10% 吡虫啉 1000 ～ 2000 倍液、烟参碱 1000 倍液或速扑杀 1000 倍液喷施，也可用稀释 4 ～ 8 倍的食醋或 600 ～ 800 倍风油精液喷施
	红蜘蛛	改善通风条件，降低温度，增加空气湿度。个别发生时可摘除病叶；大量发生时可喷 1.8% 阿维菌素 6000 倍液或晶体石硫合剂 400 ～ 500 倍液，也可用 200 ～ 300 倍洗衣粉液或 600 ～ 800 倍风油精液喷施

水培花卉室内的摆设

水培花卉用作室内装饰与其他盆栽的花卉效果一样，应该根据室内的特点，通过合理布局，装饰以适当的植物，从而使装饰的植物与室内的环境能够统一和谐，达到理想的观赏效果。

水培花卉的大小要与室内的空间大小相协调。对于空间较宽敞的居室，宜选择体积较大的植物，以免产生空旷感。对于空间较小的居室，宜选择体积较小的植物，以免产生压抑感。

水培花卉的种类要与室内的生态条件相适应。不同的室内或同一室内的不同位置，其光照的强度不尽相同，应根据不同位置的光照条件选择相适应的花卉种类。平时应尽可能保持室内良好的光照，切勿用窗帘将室内遮得一片漆黑。光照的不足之处，要给予人工补光，或者与光照较好处的花卉经常调换位置，以免影响花卉的生长。另外，还要注意花卉的安全越冬，对无加温条件的室内，宜选择抗寒性较强的花卉种类。

水培花卉摆放的数量要与居室面积相协调。试验认为以房间的面积来计算，每10平方米面积栽种一两种花较适宜。据此推算，50平方米至60平方米面积的居室，摆设大小不等的水培花卉5～10株，既可满足观赏，还可美化环境、净化空气，又不会造成夜间花与人争氧。

水培花卉的姿态要与居室的布局和摆设相呼应。在墙角处、沙发旁和门口边，可将水培花卉直接放在地上。地上宜放置绿萝柱、红宝石喜林芋柱、绿宝石喜林芋柱、棕竹、斑马万年青等大型植株；台桌上放置滴水观音、丛生春羽、绿巨人、白柄粗肋草、龙血树等中型花卉和竹节海棠、紫鹅绒、仙人掌、摇钱树、文竹、合果芋、凤梨等小型花卉；大橱顶上、墙壁上和用作悬挂装饰时，选择常春藤、绿萝、迷你龟背竹、吊兰等枝叶下垂的花卉。

不应将水培花卉摆在正对空调机出风口的位置，风速过快会使枝叶受伤害，轻则叶片卷曲，重则焦边枯萎。还要考虑花卉对温度的要求白天高于夜晚，夏天若夜间关闭空调机，环境温度高于开启空调机的白天温度，对水培花卉的生长是不利的。开启空调机时在花卉旁边放一盆清水或往叶面喷雾，以增加环境湿度，花卉摆放在距空调机出风口远一些的位置，昼夜温差不大是没有问题的。

第三章

水培花卉的栽培与养护

观叶类花卉

金钱树

别名：金币树、雪铁芋、泽米叶天南星、龙凤木。

学名：Zamioculcas zamiifolia

科属：天南星科，雪芋属。

原产地：非洲热带。

花语：招财进宝、荣华富贵。

净化污染物种类：甲醛、乙醚、三氯乙烯。

清除挥发性有机物能力：★★★★

水培容易程度：★★★

生态习性：性喜暖热、半阴及年均温度变化小的环境，比较耐干旱，畏寒冷，忌强光直射，适宜生长温度为20℃～32℃。

🌿 水培管理

7～15 天更新观叶植物营养液一次，生长旺盛期要经常向植株喷水，气温低时要控制喷水量。

🌿 取材方法

将植株脱盆、去土、洗净根系，从块茎的结合薄弱处掰开，并在创口上涂抹硫黄粉或草木灰，晾干，以陶粒等介质锚定植株，定植于装有清水的容器中，浸没根系的 2/3，保持空气相对湿度在 70% 左右，10 天后可生根。

🌿 器皿选择

金钱树植株较高大，宜选择敦实粗大的玻璃容器。

🌿 适宜摆放位置

放在有明亮散射光的环境下。

🌿 病虫害防治

主要有褐斑病为害，可喷洒 120～160 倍等量波尔多液、65% 代森锌可湿性粉剂 800～1000 倍液防治，或用甲基托布津、百菌清、多菌灵 1000 倍液防治。虫害主要有介壳虫为害，少量发生时用软刷蘸肥皂水清除，也可结合修剪去除；大量发生时用 10% 吡虫啉 1000～2000 倍液、烟参碱 1000 倍液或速扑杀 1000 倍液进行防治，或者用稀释 4～8 倍的食醋、600～800 倍风油精液防治。

滴水观音

别名:	海芋、滴水莲、佛手莲、老虎芋。
学名:	Alocasia macrorrhiza
科属:	天南星科，海芋属。
原产地:	南非。
花语:	纯洁、幸福、清秀、纯净的爱。
净化污染物种类:	一氧化碳、甲醛、苯。
清除挥发性有机物能力:	★★★★
水培容易程度:	★★★★★

取材方法

　　将植株脱盆、去土、洗净根系，用定植杯固定在玻璃容器中，根系浸入清水中2/3～4/5，加少量多菌灵水溶液防腐消毒，2～3天换水洗根，诱导水生根系长出。

生态习性

　　性喜高温、多湿的环境，耐阴，不宜受强风吹，夏天忌阳光直射，生长最适温度为25℃～30℃，不耐寒，最低温度不能低于10℃，可两栖生长。在温暖潮湿、水分充足的条件下，滴水观音便会从叶尖端或叶边缘向下滴水，而且花的形状似观音，因此得名。

水培管理

　　添加稀释后的观叶植物营养液，15天更新营养液一次。高温干燥时应向植株喷水或在周围洒水，以增湿、降温。入伏后不要追肥，霜降后移入室内进行越冬。

注意事项

茎内白色汁液有剧毒，滴下的水也有毒。误食会出现舌头发麻、胃部有燃烧感、呕吐等现象。

器皿选择

根据水培植物形状可选择扁形、圆形或球形等比较敦实的玻璃容器。

病虫害防治

不易发生病害。易发生红蜘蛛为害，个别发生时可摘除病叶，大量发生时可喷1.8%阿维菌素6000倍液或晶体石硫合剂400～500倍液防治，也可用200～300倍洗衣粉液或600～800倍风油精液防治。

★适宜摆放位置★

放置在室内有散射光处，忌阳光直射。

白柄粗肋草

别名：	白雪公主。
学名：	Aglaonema commutatum
科属：	天南星科，粗肋草属。
原产地：	非洲热带、马来西亚及菲律宾等地。
花语：	智慧与自由。
净化污染物种类：	甲醛、苯、三氯乙烯。
水培容易程度：	★★★★★

取材方法

将土培植株脱盆、去土、洗净根系，置入装有清水的高型玻璃容器中，并加少量多菌灵水溶液防腐消毒，根系浸入水中2/3诱导水生根系长出。

生态习性

性喜温暖、潮湿环境，耐半阴，忌日光过分强烈，但光线过暗会导致叶片退色。喜高温，不耐寒，最适生长温度为20℃~30℃，最低越冬温度在12℃以上。

水培管理

水生根系长出后可适当添加稀释的营养液，每5~7天加清水一次，20~30天更新营养液一次。白柄粗肋草较耐水湿，根系可浸没在营养液中。夏季需经常喷水，增加环境湿度。

🌺 注意事项

全株有毒，误食后可引起口舌发火、胃痛、腹泻。

★适宜摆放位置★

室内有散射光处可长期摆放。

病虫害防治

常有叶斑病和炭疽病发生，可喷施50%代森锌600倍液、50%多菌灵可湿性粉剂500～1000倍液、50%多菌灵可湿性粉剂500～1000倍液、70%甲基托布津可湿性粉剂700～800倍液、65%代森锌600～800倍液或75%百菌清800倍液防治。

情人粗肋草

别名：	吉祥粗肋草。
学名：	Aglaonema Lady Valentine
科属：	天南星科，粗肋草属。
原产地：	泰国、印度尼西亚、马来西亚。
花语：	智慧与自由。
净化污染物种类： 甲醛、苯、三氯乙烯。	
水培容易程度：★★★★★	

生态习性

性喜温暖、潮湿环境，湿度保持在60%～70%之间即可。有极佳的耐阴性与抗病性，在室内栽培只要至少能维持灯光照射，就能保持一定的美观，但遮阴太过会徒长、倒伏，影响观赏效果。忌日光过分强烈，光线太强叶片会黄绿。不耐寒，最适生长温度为20℃～30℃，最低越冬温度在12℃以上。

水培管理

水生根系长出后可适当添加稀释的营养液，每5～7天加清水一次，20～30天更新营养液一次。白柄粗肋草较耐水湿，根系可浸没在营养液中。夏季需经常喷水，增加环境湿度。

取材方法

将土培植株脱盆、去土、洗净根系，置入装有清水的高型玻璃容器中，并加少量多菌灵水溶液防腐消毒，根系浸入水中2/3诱导水生根系长出。

器皿选择

视植物大小选择高型或敦实玻璃容器。

适宜摆放位置

室内有散射光处可长期摆放。

病虫害防治

常发生叶斑病和炭疽病。发生炭疽病可喷施50%多菌灵可湿性粉剂500～1000倍液防治。发生叶斑病可喷施50%代森锌600倍液防治。

铁线蕨

别名：美人枫、铁线草。	
学名：Adiantum capillus-veneris Linn	
科属：铁线蕨科，铁线蕨属。	
原产地：美洲热带。	
花语：雅致、少女的娇柔。	
净化污染物种类：甲醛、苯、二甲苯。	
清除挥发性有机物能力：★★★	
水培容易程度：★★★★	

生态习性

性喜温暖、湿润、荫蔽的环境，不耐寒，忌风吹和阳光暴晒，生长适温为 13℃～18℃，冬季要保持在 5℃以上。

水培管理

夏季 2～3 天添加清水一次，10～15 天更新营养液一次；冬季 5～7 天加水一次，20～25 天更新营养液一次。在生长旺季宜经常向叶面及周围环境喷水，以增加空气湿度，保持叶色碧绿。

适宜摆放位置

室内有明亮散射光处。

取材方法

将土培植株脱盆、去土、洗净根系，动作一定要轻柔，尽量不要伤到根系，然后用定植杯将植株固定在事先准备好的玻璃容器中，杯中可加入陶粒或砾石固定，根系浸入水中 1/3～3/4 即可，水中可加入少量多菌灵水溶液防腐消毒。

器皿选择

选择圆形中等较稳重的玻璃容器。

病虫害防治

病害主要是叶斑病。虫害主要是介壳虫为害。发生叶斑病可喷施 50% 代森锌 600 倍液防治。介壳虫少量发生时用软刷蘸肥皂水清除，也可结合修剪去除；大量发生时用 10% 吡虫啉 1000～2000 倍液防治。

广东万年青

别名：	亮丝草、万年青、冬不凋草。
学名：	Aglaonema modestum Schott
科属：	天南星科，广东万年青属。
原产地：	中国南部、马来西亚及菲律宾等地。
花语：	吉祥如意、永葆青春。
净化污染物种类：	甲醛、苯、三氯乙烯。
水培容易程度：	★★★★

🌿 生态习性

性喜温暖、潮湿、荫蔽环境，忌阳光直射，能耐0℃低温。

🌿 水培管理

水生根系长出后可适当添加稀释的营养液，春、夏、秋季5～7天更新营养液一次，冬季15～20天更新营养液一次。夏季避免强光直射，以防日烧病；冬季避免光照不足，以防出现黄叶。

🌿 器皿选择

选择柱型或圆形等敦实的玻璃容器。

🌿 取材方法

剪取带叶茎段直接插在容器里，15天左右便可长出须根来。生根期间不要搬动容器和换水。也可直接将植株脱盆、去土、洗净根系，置入容器中，根系浸入水中2/3，加少量多菌灵水溶液防腐消毒，诱导水生根系生长。

🌿 适宜摆放位置

摆放在室内有散射光处，夏季避免阳光直射。

🌿 病虫害防治

很少发生病虫害，偶尔发生炭疽病，可喷施50%多菌灵可湿性粉剂500～1000倍或75%百菌清800倍液防治。

文竹

别名：	云片竹、芦笋山草、平面草、新娘草。
学名：	Asparagus plumosus Baker
科属：	百合科，天门冬属。
原产地：	南非。
花语：	高傲、神秘、非凡及永恒。
净化污染物种类：	二氧化硫、氯气、二氧化碳，还可杀灭细菌和病毒。
清除挥发性有机物能力：	★★★
水培容易程度：	★★

🌱 生态习性

性喜温暖、湿润、略荫蔽环境，适温为15℃～25℃，最低温度为5℃，喜欢散射光，忌强光直射，忌霜冻，怕干旱。

🌱 水培管理

夏天每7～10天加水一次，冬季20天左右加水一次。当营养液中的沉淀物增加时可以更新营养液，一般30～60天更新一次。生长适温为20℃～25℃，生长旺季要经常向周围地面喷水，在室温10℃以上即可越冬。

🌱 器皿选择

文竹纤细清雅，亭亭玉立，宜选用小型水培容器，配较小的定植杯。

🌱 取材方法

将株形好、长势旺的植株，洗净泥土并剪除烂根后定植于水培容器中，加入清水至根系的1/3～1/2处，置于有一定散射光之处。开始每2～3天换清水一次，及时除去烂根，2～3周可长出水生根，此后每隔5～6天换清水一次，当植株出现较强的生长势时改用营养液培养，营养液宜浅不宜深，不可超过根系的1/2。

🌱 适宜摆放位置

室内有散射光处，夏季避免阳光直射。

🌱 病虫害防治

换水不及时易造成根系腐烂，剪除腐烂部分，用甲基托布津800倍液浸泡后，置于空气中将伤口晾干后重新诱导新根。

袖珍椰子

别名：	矮生椰子、袖珍棕、矮棕。
学名：	Chamaedorea elegans
科属：	棕榈科，袖珍椰子属。
原产地：	墨西哥及中美洲地区。
花语：	生命力。
净化污染物种类：	甲醛、三氯乙烯、苯。
清除挥发性有机物能力：	★★★
水培容易程度：	★★

🌿 生态习性

性喜温暖、湿润、通风、半阴的环境，忌烈日暴晒，稍耐寒。生长适宜的温度为20℃～30℃，13℃时进入休眠期，5℃以上可安全越冬。

🌿 水培管理

15天更换观叶植物营养液一次。5～9月为生长期，应将植株置于散射光的庇荫地。夏季生长旺盛，要及时补充水分；春、冬季空气干燥，多向叶面喷水。忌阳光直射，即使短时间阳光直射也会引起叶色变黄。

🌿 器皿选择

性耐阴，摆放在室内有散射光处。

🌿 取材方法

将植株脱盆、去土、洗净根系，用定植杯固定在玻璃容器中，根系浸入清水中2/3～4/5，加少量多菌灵水溶液防腐消毒，2～3天换水洗根，诱导水生根系长出。

🌿 适宜摆放位置

放置在室内有散射光处，忌阳光直射。

🌿 病虫害防治

不易发生病害。易发生红蜘蛛为害，个别发生时可摘除病叶；大量发生时可喷1.8%阿维菌素6000倍液或晶体石硫合剂400～500倍液防治。

彩叶草

别名：	洋紫苏、锦紫苏、五色草、变叶草。
学名：	Coleus blumei
科属：	唇形科，鞘蕊花属。
原产地：	印度尼西亚。
花语：	善良、自爱。
净化污染物种类：	二氧化碳。
水培容易程度：	★★★

生态习性

性喜温暖、湿润、通风良好的栽培环境，不耐寒，生长适温为20℃～25℃，一般气温在10℃左右叶片开始萎蔫下垂，直至脱叶。喜光，但应避炎夏的直射阳光。要始终保持环境湿润，生长期要经常向叶面喷水，以使叶片不因失水而凋萎，夏季喷水应更为频繁。

水培管理

用观叶植物营养液进行水培，视水分蒸发情况及时添加清水，15～20天更新营养液一次。彩叶草的花并不重要，为免于徒耗养分，用摘心法控制高度，促使分枝，不使其产生花序，保持株形饱满。不要加入太多的肥料，以免叶片转为绿色，可适当多施磷肥，以保持叶面鲜艳。

取材方法

从植株上截取一段5～8片叶的茎秆，直接插入水中3～4厘米，2～3天换清水一次，水温在15℃～28℃的情况下，一般10～15天就可以萌生根系。

适宜摆放位置

置于室内散射光充足处，以使叶色鲜艳，夏季高温期间应适当遮阴。

器皿选择

选择精致的花瓶、广口玻璃器皿均可。

病虫害防治

生长期常发生叶斑病，可喷施50%代森锌600倍液或50%多菌灵可湿性粉剂500～1000倍液防治。

澳洲杉

别名:	异叶南洋杉、诺福克南洋杉、细叶南洋杉。
学名:	Araucaria heterophylla
科属:	南洋杉科,南洋杉属。
原产地:	大洋洲诺福克岛以及澳大利亚东北部各岛。
花语:	基业长青。
净化污染物种类:	甲醛、二氧化碳。
水培容易程度:	★★★

取材方法

选择株型好的土栽植株脱盆、去土,洗净根系,并进行修剪整理,将根系穿过定植杯浸入玻璃容器中,根系浸入水中 1/2 左右,加少量多菌灵水溶液防腐消毒,诱导水生根系生长。上部用陶粒或石砾进行固定。

水培管理

水生根系长出后可适当添加稀释后的营养液,营养液浸没根系的 1/3 ～ 1/2 即可。夏天 4 ～ 5 天加水一次,冬天 10 ～ 20 天加水一次。20 ～ 30 天更新营养液一次,pH 值控制在 5.5 左右。

生态习性

性喜高温、高湿、阳光充足的环境,有一定的耐阴力,不耐寒冷和干旱。不能长期置于荫蔽处。夏季应避免强光暴晒。

器皿选择

因澳洲杉植株较大，枝叶浓密，宜选用稳定性好的大型玻璃容器。

★适宜摆放位置★

摆放在室内宽敞且光线较强处。

病虫害防治

生长强健，病虫害较少。

吊兰

别名：	吊竹兰、桂兰、折鹤兰。
学名：	Chlorophytum comosum
科属：	百合科，吊兰属。
原产地：	南非。
花语：	无奈而又给人希望。
净化污染物种类：	甲醛、一氧化碳、苯。
清除挥发性有机物能力：	★★★★★
水培容易程度：	★★★★★

取材方法

可选取走茎先端长出的小植株，也可将吊兰脱盆、洗净泥土，去除老根、烂根，留下须根和健壮叶片定植于容器中，根系浸入水中 1/2～2/3，置于室内或阴凉处进行管理。

生态习性

性喜温暖、湿润、半阴环境，忌强光直射。在15℃～25℃时生长迅速，冬季不低于5℃能安全越冬。

水培管理

单层容器瓶栽培每4天加水一次，双层瓶每7天换水一次。吊兰叶片数多，营养液和水分消耗量大，建议30天左右更新营养液一次。叶片对光线反应敏感，光线不足，叶浅绿色或黄绿色；光线过强，叶枯黄，甚至死亡。夏季放在室外的荫棚下栽培养护。生长适温在20℃左右。冬季放在温室中栽培，适当增加光照；夏季高温天气适当向叶面和地面喷水，降温并提高空气湿度。

器皿选择

吊兰非常适宜水培，对容器要求不高，可选择单层或双层玻璃容器，也可根据个人爱好选用容器。

病虫害防治

吊兰不易发生病虫害，但根系浸水过深会导致烂根，应注意控制根系浸泡深度。剪除腐烂部分，用甲基托布津800倍液浸泡后，置于空气中将伤口晾干后重新诱导新根。

★适宜摆放位置★

室内向阳但无直射光处。

苏铁

别名：	铁树、凤尾蕉、凤尾松、避火蕉。
学名：	Cycas revoluta
科属：	苏铁科，苏铁属。
原产地：	中国、日本、印度尼西亚及菲律宾等地。
花语：	坚贞不屈、坚定不移、长寿富贵、吉祥如意。
净化污染物种类：	甲醛、一氧化碳、苯及苯的有机物。
水培容易程度：	★★★

取材方法

将株形较好的小型植株去土、洗根并置于容器中，将根系的 1/2 左右浸入水中诱导生根，水培初期每 2～3 天换清水一次，3～5 周后可长出水生根。

生态习性

性喜温暖、干燥及通风良好的环境，喜强光，不耐阴，生长适温为 15℃～25℃，每年 10 月上中旬早霜前应移入温室中越冬，越冬温度不得低于 5℃。

水培管理

植株适应水培环境后移至光线充足的环境，加入观叶植物营养液，每 15 天左右更新营养液一次。要经常给叶片喷水，保持叶片清洁。

器皿选择

苏铁茎秆粗壮，叶片开展，宜选用壁厚、敦实、承重较好的玻璃容器。

★适宜摆放位置★

摆放于室内光线充足之处。

病虫害防治

病害有叶斑病、炭疽病等。发生叶斑病可喷施 50% 代森锌 600 倍液或 50% 多菌灵可湿性粉剂 500～1000 倍液防治。发生炭疽病可用 50% 多菌灵可湿性粉剂 500～1000 倍液、70% 甲基托布津可湿性粉剂 700～800 倍液、65% 代森锌 600～800 倍液或 75% 百菌清 800 倍液防治。 介壳虫是最常见的害虫，少量发生时用软刷蘸肥皂水清除，也可结合修剪去除；大量发生时用 10% 吡虫啉 1000～2000 倍液、烟参碱 1000 倍液或速扑杀 1000 倍液进行防治，也可用稀释 4～8 倍的食醋或 600～800 倍风油精液防治。

花叶万年青

别名：	黛粉万年青、银斑万年青。
学名：	Dieffenbachia picta
科属：	天南星科，花叶万年青属。
原产地：	南美洲。
花语：	四季常青。
净化污染物种类：	甲醛、苯、三氯乙烯。
水培容易程度：	★★★★

取材方法

剪取带叶茎段插在透明玻璃容器中，用白米石或陶粒等固定，15 天左右即可长出水生根系。也可将土培植株脱盆、去土、洗根后定植于容器中，保持相对湿度 70% 左右，10 天后可生根。

生态习性

性喜高温、高湿、半阴的环境条件，忌日光过分强烈，但光线过暗也会导致叶片褪色。生长适宜温度为 20℃ ~ 30℃，最低越冬温度在 12℃以上。一旦受冻则叶片黄萎、顶芽坏死。

水培管理

生根后可用观叶植物营养液培养，7 ~ 15 天更换一次。炎热夏季放置于阴凉通风处，并经常向叶面喷雾、地面喷水，以增加空气湿度，立冬后移至室内培养。

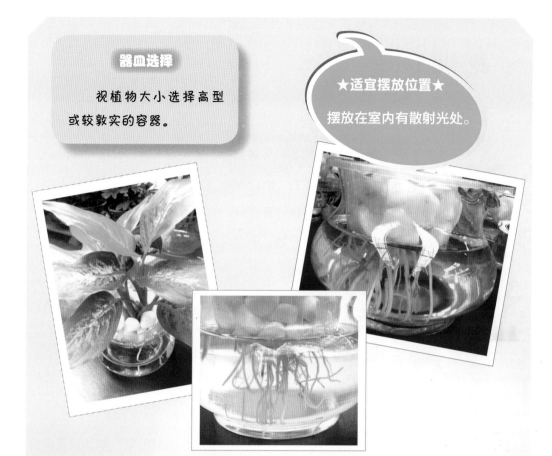

器皿选择

视植物大小选择高型或较敦实的容器。

★适宜摆放位置★

摆放在室内有散射光处。

病虫害防治

主要有叶斑病、褐斑病和炭疽病为害。叶柄鞘部易滋生介壳虫，高温干燥易生红蜘蛛。发生叶斑病可喷施 50% 代森锌 600 倍液或 50% 多菌灵可湿性粉剂 500 ~ 1000 倍液防治。发生褐斑病可喷施 120 ~ 160 倍等量波尔多液、65% 代森锌可湿性粉剂 800 ~ 1000 倍液防治，或用甲基托布津、百菌清、多菌灵 1000 倍液防治。发生炭疽病可用 50% 多菌灵可湿性粉剂 500 ~ 1000 倍液、70% 甲基托布津可湿性粉剂 700 ~ 800 倍液、65% 代森锌 600 ~ 800 倍液或 75% 百菌清 800 倍液防治。 介壳虫是最常见的害虫；介壳虫少量发生时用软刷蘸肥皂水清除，也可结合修剪去除；大量发生时用 10% 吡虫啉 1000 ~ 2000 倍液、烟参碱 1000 倍液或速扑杀 1000 倍液进行防治，也可用稀释 4 ~ 8 倍的食醋或 600 ~ 800 倍风油精液防治。红蜘蛛个别发生时可摘除病叶；大量发生时可喷 1.8% 阿维菌素 6000 倍液或晶体石硫合剂 400 ~ 500 倍液防治，也可用 200 ~ 300 倍洗衣粉液或 600 ~ 800 倍风油精液防治。

龙血树

别名：	马骡蔗树、狭叶龙血树、长花龙血树。
学名：	Dracaena angustifolia
科属：	百合科，龙血树属。
原产地：	中国南部及亚洲热带地区。
花语：	长寿富贵。
净化污染物种类：	三氯乙烯、甲醛、二氧化碳。
水培容易程度：	★★★★

取材方法

将龙血树截断，仅保留顶部叶片，先晾几天，待伤口干燥后把茎秆插条1/3浸入水中发根，3～5天换水一次，加少量多菌灵水溶液防腐消毒，放置于散射光充足之处，用黑色塑料膜将容器进行遮光处理，可促生根。

生态习性

性喜高温、多湿、日光充沛的环境，过于荫蔽则叶色不正。不耐寒，冬季耐受温度约15℃，最低临界温度为5℃。

水培管理

水生根长出后可适当添加规定浓度1/2的观叶植物营养液，7～10天加清水一次。夏季20天左右更新营养液一次，冬季30～60天更新营养液一次，营养液初始液位不能过高，浸没根系的1/3～1/2即可。夏季高温需适当遮阴，冬季室温不可低于5℃，在培养期间要保持水质的清洁，每星期加水1～2次，水不宜过多，以防树干腐烂。夏季高温时，可用喷雾法来提高空气湿度，并在叶片上喷水，保持湿润。过于通风、干旱、不规则地浇水和施肥过量，都能造成叶尖枯焦。

器皿选择

选择带有种植杯的长筒形玻璃容器或敦实的玻璃容器。

病虫害防治

易发生红蜘蛛为害，个别发生时可摘除病叶；大量发生时可喷 1.8% 阿维菌素 6000 倍液或晶体石硫合剂 400 ~ 500 倍液防治，也可用 200 ~ 300 倍洗衣粉液或 600 ~ 800 倍风油精液防治。

★适宜摆放位置★

放置于室内散射光充足之处。

巴西木

别名：	巴西铁树、巴西千年木、香龙血树。
学名：	Dracaena fragrans
科属：	百合科，龙血树属。
原产地：	亚洲及非洲热带地区。
花语：	坚贞不屈、长寿富贵、吉祥如意。
净化污染物种类：	甲醛、三氯乙烯、苯。
清除挥发性有机物能力：	★★★★
水培容易程度：	★★★★

取材方法

将巴西木截断保留顶部叶片，先晾几天，待伤口干燥后把茎秆插条 1/3 浸入水中发根，3～5 天换水一次，并加少量多菌灵水溶液防腐消毒，放置于散射光充足之处，用黑色塑料膜将容器进行遮光处理，可促生根。

生态习性

性喜高温、高湿及通风良好的环境，较喜光，亦耐阴、耐干燥，生长适宜温度为 20℃～28℃，冬季 13℃以下要防寒害。

水培管理

水生根长出后可适当添加规定浓度 1/2 的观叶植物营养液，7～10 天加清水一次，25～30 天更新营养液一次，营养液初始液位不能过高，浸没根系的 1/2 即可。夏季高温时，需适当遮阴，可用喷雾法来提高空气湿度，并在叶片上喷水，保持湿润。冬季室温不可低于 5℃，冬季最好休眠，休眠温度为 13℃，温度太低，叶尖和叶缘会出现黄褐斑。

器皿选择

选择带有种植杯的玻璃容器。

★适宜摆放位置★

应摆放在有明亮散射光的环境中。若光线太弱，叶片上的斑纹会变绿，基部叶片黄化，失去观赏价值。

病虫害防治

会有红蜘蛛和介壳虫为害。红蜘蛛个别发生时可摘除病叶；大量发生时可喷 1.8% 阿维菌素 6000 倍液或晶体石硫合剂 400 ～ 500 倍液防治，也可用 200 ～ 300 倍洗衣粉液或 600 ～ 800 倍风油精液防治。介壳虫少量发生时可用软刷蘸肥皂水清除，也可结合修剪去除；大量发生时用 10% 吡虫啉 1000 ～ 2000 倍液、烟参碱 1000 倍液或速扑杀 1000 倍液进行防治，也可用稀释 4 ～ 8 倍的食醋或 600 ～ 800 倍风油精液防治。

富贵竹

别名：	绿叶龙血树、绿叶竹蕉、万寿竹。
学名：	Dracaena sanderiana
科属：	百合科，龙血树属。
原产地：	加纳得群岛及非洲、亚洲热带地区。
花语：	花开富贵、竹报平安。
净化污染物种类：	二甲苯、苯、三氯乙烯、甲醛。
清除挥发性有机物能力：	★★★
水培容易程度：	★★★★★

🌺 取材方法

将插条基部叶片剪去，用利刀切成斜口，放置于事先准备好的玻璃容器中，每3～4天换清水一次，10天内不要移动位置或改变方向，约15天左右可长出银白色须根。

生态习性

性喜温暖、湿润及遮阴的环境，喜散射光，忌烈日暴晒，生长最适温度为18℃～24℃，低于13℃停止生长，进入休眠状态，越冬温度应保持在10℃以上。

🌺 水培管理

每隔3周左右向瓶内滴几滴白兰地酒，加少量营养液，也可用500克水溶解碾成粉末的阿司匹林半片或维生素C一片，加水时滴入，即能使叶片保持翠绿。夏季营养液浓度应降至原配方的1/6左右，7天左右更新一次，冬季可酌情延长。营养液浸至根系的1/2～3/4。水养一段时间后，茎秆会越长越高，这时可把下部根团连同基部一段茎秆剪掉，重新插入水中，不久又重新萌发新根继续生长。

器皿选择

富贵竹颈秆笔直，宜选择高型玻璃容器。

病虫害防治

易发生烂茎、烂根，应及时剔除，并用75%百菌清1000倍水溶液浸泡根、茎30分钟，用清水冲洗后继续水养。如植株已很衰弱，应土栽复壮。

★适宜摆放位置★

平时放室内阳光明亮处，夏季避免阳光直射，冬季需多见阳光。忌风吹，不要将富贵竹摆放在电视机旁或空调机、电风扇常吹到的地方，以免叶尖及叶缘干枯。

常春藤

别名：	常青藤、洋常春藤、爬树藤。
学名：	Hedera hepalensis
科属：	五加科，常春藤属。
原产地：	中国。
花语：	感化、贞洁、信守不渝。
净化污染物种类：	甲醛、苯、尼古丁、硫化氢、三氯乙烯。
清除挥发性有机物能力：	★★★★★
水培容易程度：	★★

生态习性

性喜温暖、荫蔽的环境，忌阳光直射，亦喜光线充足，较耐寒，抗性强。生长适温为 15℃～25℃。

水培管理

常春藤极好养护，夏天 4～5 天加清水一次，冬季 10～20 天加清水一次，20～30 天更新观叶植物营养液一次，pH 值控制在 5.5 左右。

器皿选择

常春藤枝蔓细长，宜选择高形玻璃容器。

取材方法

水培常春藤可切下具有气生根的半成熟枝条作插穗，其上要有一至数个节，在春季和秋季进行扦插，待根系在扦插床长出根后就可以上定植杯进行催根诱变。

适宜摆放位置

室内阳光直射的地方。

病虫害防治

主要有炭疽病、叶斑病和介壳虫为害。发生炭疽病可喷施 50% 多菌灵可湿性粉剂 500～1000 倍液防治。发生叶斑病可喷施 50% 代森锌 600 倍液防治。介壳虫少量发生用软刷蘸肥皂水清除，大量发生时用 10% 吡虫啉 1000～2000 倍液进行防治。

绿萝

别名:	黄金葛、藤芋、魔鬼藤、石柑子。
学名:	Epipremnum aureum
科属:	天南星科，绿萝属。
原产地:	中美、南美的热带雨林地区。
花语:	财源滚滚、吉祥如意。
净化污染物种类:	甲醛、氨气。
清除挥发性有机物能力:	★★★★★
水培容易程度:	★★★★★

🌿 取材方法

绿萝十分适合水培，用水插法、洗根法都容易获得理想的栽培植株。剪取带叶茎段插在透明玻璃容器中，15～20天左右就可以萌生新根。

生态习性

性喜温暖、湿润气候，耐阴性强，忌烈日，不耐寒冷，可耐水湿，需明亮散射光。生长适温为15℃～27℃，10℃以上可安全越冬。

🌿 水培管理

夏季每7～10天添加清水一次，冬季15～20天添加清水一次，30～40天更新营养液一次。把水培专用肥稀释后喷洒叶面，会使叶片更加艳丽。

器皿选择

小型玻璃容器均可水培。

★适宜摆放位置★

窗台、室内向阳但无
直射光处可四季摆放。

病虫害防治

抗性较强，不易发生病虫害。

橡胶树

别名：	印度榕、橡皮树、胶榕。
学名：	Ficus elastica
科属：	桑科，榕属。
原产地：	尼泊尔、缅甸。
花语：	受伤的自尊心。
净化污染物种类：	甲醛，一氧化碳、二氧化碳、氟化氢、粉尘。
水培容易程度：	★★

取材方法

选取株形较好的小型土培植株去土洗根，将根系浸入水中 1/2 左右进行水养。老根不易腐烂，能较快适应水培环境。也可于 5 ～ 9 月截取生长健壮的枝梢，去除基部叶片并晾干切口后直接水插培养，水培初期 2 ～ 3 天更换清水一次，两周后可长出水生根。

生态习性

性喜温暖、潮湿和通风良好的环境，不耐寒，喜光，亦能耐阴，忌阳光直射，耐空气干燥。生长适温为 20℃ ～ 25℃，越冬温度不得低于 5℃，否则易受冻害。

水培管理

植株加入观叶植物营养液进行养护，每两周更换营养液一次。

器皿选择

因植株较大，宜选择带有定植杯的玻璃容器

★适宜摆放位置★

橡胶树喜阳又耐阴，对光线的适应性极强，常摆放于室内光线充足处。

病虫害防治

　　常见炭疽病、叶斑病和灰霉病为害。虫害有介壳虫和蓟马为害。发生炭疽病可喷施50%多菌灵可湿性粉剂500～1000倍液或70%甲基托布津可湿性粉剂700～800倍液防治。发生叶斑病可喷施50%代森锌600倍液或50%多菌灵可湿性粉剂500～1000倍液防治。发生灰霉病可喷施50%代森铵500～1000倍液或50%多菌灵1000倍液防治。介壳虫少量发生时用软刷蘸肥皂水清除，也可结合修剪去除；大量发生时用10%吡虫啉1000～2000倍液、烟参碱1000倍液或速扑杀1000倍液进行防治，也可用稀释4～8倍的食醋或600～800倍风油精液防治。发生蓟马可喷施50%辛硫磷或50%杀螟松乳剂1500倍液防治。

人参榕

别名：	榕树瓜，地瓜榕。
学名：	Ficus microcarpa
科属：	桑科，榕属。
原产地：	中国。
花语：	长寿、吉祥、荣华富贵。
净化污染物种类：	甲醛、二甲苯及氨气。
水培容易程度：	★★

🌱 取材方法

选取株型较好的土培植株脱盆、去土、洗净根系后直接浸入装有清水的容器中，加少量多菌灵水溶液防腐消毒，诱导水生根系生长。水浸没根系的 1/3 即可。

生态习性

性喜温暖、阳光充足的环境，耐半阴，不耐寒，适宜生长温度为 20℃～30℃，冬季温度应维持在 5℃ 以上，低于 6℃ 极易受到冻害。

🌱 水培管理

水培初期 2～3 天换水一次，夏天 4～5 天加水一次，冬季 10～20 天加水一次，20 天左右更新营养液一次，pH 值控制在 5.5～6 之间。在春、秋、冬三季可以给予充足的阳光，但在夏季要遮阴 50% 以上。

器皿选择

选择小型玻璃容器。

病虫害防治

　　病虫害少见，偶有介壳虫为害，少量发生时用软刷蘸肥皂水清除，也可结合修剪去除；大量发生时用 10% 吡虫啉 1000 ~ 2000 倍液、烟参碱 1000 倍液或速扑杀 1000 倍液进行防治，也可用稀释 4 ~ 8 倍的食醋或 600 ~ 800 倍风油精液防治。

★适宜摆放位置★

春、秋、冬季放置在光照充足的地方，夏季放于无阳光直射的地方。

铜钱草

别名：	积雪草、大叶金钱草、崩大碗、马蹄草。
学名：	Hydrocotyle vulgaris L.
科属：	伞形科，天胡荽属。
原产地：	印度。
花语：	财源滚滚。
净化污染物种类：	甲醛、苯、三氯乙烯。
水培容易程度：	★★★★★

取材方法

剪取带叶茎段插在透明玻璃容器中，诱导水生根系长出。

生态习性

性喜温暖、潮湿，耐阴、耐湿，稍耐旱，适应性强。栽培处以半日照或遮阴处为佳，忌阳光直射，最适水温为22℃～28℃。

水培管理

铜钱草走茎发达，水培容易。水养要每周换水并加观叶植物营养液。pH控制在6.5～7.0之间，即呈微酸性至中性。

器皿选择

选择小型玻璃容器、碗或养殖水仙的盆等。

★适宜摆放位置★

摆放在室内有充足散射光处，切忌强光直射。

病虫害防治

适应性强，较少发生病虫害。

丹尼斯凤梨

别名：	菠萝花、凤梨花。
学名：	Guzmania De ise spp
科属：	凤梨科，擎天凤梨属。
原产地：	墨西哥至巴西南部和阿根廷北部。
花语：	鸿运当头、生活、事业步步高。
净化污染物种类：	二氧化碳。
水培容易程度：	★★

取材方法

选取花后根出芽进行水栽，根出芽在分离时不宜太小，用手掰下，削平基部并剥去近基部数片叶，置于容器中，使之触及水面，在荫蔽和20℃环境下，2～3周即可生根。也可选取株形较好的土培植株洗根后水培，但生根较慢，约需一月余，且生根较少。

生态习性

性喜温暖、湿润、半阴且通风良好的环境，忌酷暑，不耐强光，不耐寒，忌积水，生长适温为30℃左右。冬季20℃左右的情况下可以继续正常生长，10℃以上可安全越冬。

水培管理

每15天左右更换观叶植物营养液一次，pH值控制在4～5之间。夏季遮阴养护，生长旺季要经常浇水，并向地面喷水，增加湿度，但不要向叶簇喷水，防止烂叶。

器皿选择

选择小型玻璃容器。

★适宜摆放位置★

冬季宜放在南窗前，以阳光射到盆沿为度，其他季节放在室内散射光明亮处养护。

病虫害防治

　　病害有炭疽病、灰霉病等。通风不良易发生介壳虫为害。发生炭疽病可喷施50%多菌灵可湿性粉剂500～1000倍液或70%甲基托布津可湿性粉剂700～800倍液防治。发生灰霉病可喷施50%代森铵500～1000倍液或50%多菌灵1000倍液防治。介壳虫少量发生时用软刷蘸肥皂水清除，也可结合修剪去除；大量发生时用10%吡虫啉1000～2000倍液、烟参碱1000倍液或速扑杀1000倍液进行防治，也可用稀释4～8倍的食醋或600～800倍风油精液防治。

龟背竹

别名：	蓬莱蕉、电线草。
学名：	Monstera deliciosa
科属：	天南星科，龟背竹属。
原产地：	墨西哥和美洲热带雨林。
花语：	健康长寿。

净化污染物种类： 甲醛、二氧化碳。

清除挥发性有机物能力： ★★★

水培容易程度： ★★★★★

生态习性

性喜温暖、湿润、半阴的环境，生长强健，适应性强，不耐干旱，怕强光，生长适温为20℃～25℃。

水培管理

每7～10天换水一次，20～30天更新营养液一次。夏季龟背竹要遮阴，避免阳光直射。冬季在13℃～18℃条件下可正常生长，低于5℃不能安全越冬。生长旺季要经常向叶面喷水，保持较高的空气湿度。室内栽培要注意通风。

器皿选择

选择稳定性好的玻璃容器。

取材方法

将盆栽植株脱盆、去土、洗净根系，将根系的2/3浸入容器中，并加入少量多菌灵水溶液防腐消毒。或者选择带有气生根的枝条插入水中直接培育，一般在适宜温度下5～7天即可萌发新根。

适宜摆放位置

室内向阳但无直射光处可四季摆放。

病虫害防治

病害主要有叶斑病、茎枯病等。易发生介壳虫为害。发生叶斑病可喷施50%代森锌600倍液防治。发生茎枯病可用75%百菌清可湿性粉剂800倍液防治。介壳虫少量发生时可结合修剪去除；大量发生时用10%吡虫啉1000～2000倍液防治。

鸟巢蕨

别名：	巢蕨、王冠蕨、山苏花。
学名：	Neottopteris nidus
科属：	铁角蕨科，巢蕨属。
原产地：	亚洲、非洲热带、亚热带地区。
花语：	丰盈、充裕。
净化污染物种类：	二氧化碳、甲醛、苯。
水培容易程度：	★★★

生态习性

性喜温暖、潮湿和较强散射光的半阴条件，忌酷热，不耐寒。生长适温为15℃～25℃，冬季在5℃以上能安全越冬。

水培管理

夏季3～4天添加清水一次，冬季15～20天加清水一次，20～30天更新营养液一次。pH值控制在5.5～6之间。春季和夏季生长旺盛期经常向叶面及周围环境喷水，相对空气湿度保持在70%～80%较适宜植株生长。

取材方法

将土培植株脱盆、去土、洗净根系，直接将根系浸入水中1/3即可，水中可加入少量多菌灵水溶液防腐消毒，诱导水生根系生长。

适宜摆放位置

摆放在室内有较强散射光处。

器皿选择

鸟巢蕨叶片宽大，宜选择中型玻璃容器。

病虫害防治

抗病虫能力极强，不过干、过湿不会发生病虫害。

发财树

别名：	马拉巴栗、中美木棉、栗子树。
学名：	Pachira macrocarpa
科属：	木棉科，瓜栗属。
原产地：	美洲热带地区。
花语：	吉祥、发财。
净化污染物种类：	甲醛、氨气、一氧化碳、二氧化碳。
清除挥发性有机物能力：	★★★★
水培容易程度：	★★★

🌱 取材方法

将株型较好的植株脱盆、去土、洗净根系，放入容器中，根系浸入水中 1/3 ～ 1/2 即可，加少量多菌灵水溶液防腐消毒，诱导水生根系萌出。15 天后发财树可长出新根。

生态习性

性喜高温、湿润的环境条件，不耐霜寒及干燥，生长适温为 20℃ ～ 30℃。幼苗忌霜冻，成年树可耐轻霜及长期 5℃ ～ 6℃ 低温，喜阳光照射，不能长时间荫蔽。

🌱 水培管理

适当添加稀释后的营养液，夏天 4 ～ 5 天加清水一次，冬季 10 ～ 20 天加清水一次，20 ～ 30 天更新营养液一次，pH 值控制在 5.5 左右。每间隔 3 ～ 5 天，向叶片喷水一次，这样既利于光合作用的进行，又可使枝叶更显美观。

器皿选择

发财树树茎粗壮，叶片掌状较大，宜选用稳定性较好的大型玻璃容器，并添加鹅卵石固定。

★适宜摆放位置★

置于室内阳光充足处，并使叶面朝向阳光，否则由于叶片趋光，将使整个枝叶扭曲。

病虫害防治

发财树抗性强，一般很少有病害，但在夏季高温期应注意介壳虫的为害。

香叶天竺葵

别名：	洋绣球、入腊红、摸摸香。
学名：	Pelargonium hortorum
科属：	拢牛儿苗科，天竺葵属。
原产地：	非洲南部。
花语：	偶然的相遇。
净化污染物种类：	甲醛、乙醚、三氯乙烯。
水培容易程度：	★★★★

生态习性

性喜温暖、湿润和阳光充足的环境。耐寒性差，怕水湿和高温。生长适温 3～9 月为 13℃～19℃，冬季最适温度为 10℃～12℃。6～7 月间呈半休眠状态，冬季温度不能低于10℃，短时间能耐 5℃低温。

水培管理

视水分蒸发情况及时添加清水，15～20 天更新营养液一次。

适宜摆放位置

秋、冬季适宜摆放在室内阳光充足处，夏季注意适当遮阴。

取材方法

从植株上截取一段茎秆，直接插入水中 3～4 厘米，2～3 天换清水一次，一般 10～15 天就可长出水生根系。

器皿选择

选择精致的花瓶、广口玻璃器皿均可。

病虫害防治

通风不好易发生叶斑病和花枯萎病，发现后应立即摘除，以防感染蔓延，并喷洒等量式波尔多液防治。虫害主要有红蜘蛛和粉虱为害。红蜘蛛个别发生时可摘除病叶；大量发生时可喷 1.8% 阿维菌素6000 倍液或晶体石硫合剂 400～500 倍液防治，也可用 200～300 倍洗衣粉液或600～800 倍风油精液防治。发生粉虱用黄板诱杀，也可用 2.5% 溴氰菊酯防治。

喜林芋

别名：	绿宝石、喜树蕉。
学名：	*Philodendron andreanum*
科属：	天南星科，喜林芋属。
原产地：	哥伦比亚。
花语：	朴实、端庄。
净化污染物种类：	苯、三氯乙烯、甲醛。
水培容易程度：	★★★★

🌱 生态习性

性喜高温、高湿和较荫蔽的环境，对光照要求不高，室内较暗处和春秋阳光下都能较好地生长。不耐寒，冬季越冬温度宜在 10℃ 以上，气温在 25℃ ～ 32℃ 之间、相宜湿度在 80% 以上时生长最快。

🌱 水培管理

15 天更新观叶植物营养液一次。高温干燥时应向植株喷水以增湿、降温。

🌱 适宜摆放位置

摆放在室内散射光充足之处。

🌱 取材方法

将土培植株脱盆、去土、洗净根系，浸入玻璃容器中，浸没根系的 1/2 ～ 2/3，加少量多菌灵水溶液防腐消毒，诱导水生根系长出。

🌱 器皿选择

选择能承载植株的工艺玻璃容器和瓷盆等敦实的容器。

🌱 病虫害防治

病害有炭疽病、灰霉病等。虫害常见的有介壳虫和蓟马等为害。发生炭疽病可喷施 50% 多菌灵可湿性粉剂 500 ～ 1000 倍液防治。发生灰霉病可喷施 50% 代森铵 500 ～ 1000 倍液防治。介壳虫少量发生时可结合修剪去除；大量发生时用 10% 吡虫啉 1000 ～ 2000 倍液防治。有蓟马为害时可喷施 50% 辛硫磷或 50% 杀螟松乳剂 1500 倍液防治。

蔓绿绒

别名：	羽裂喜林芋、羽裂蔓绿绒。
学名：	Philodendron selloum
科属：	天南星科，喜林芋属。
原产地：	巴西、巴拉圭等地。
花语：	轻松、快乐。
净化污染物种类：	苯、三氯乙烯、甲醛、防电子辐射。
水培容易程度：	★★★★★

取材方法

将脱盆、去土、洗净根系的土栽植株浸入清水中，浸没根系的 1/2 ～ 2/3，加少量多菌灵水溶液防腐消毒，诱导水生根系长出；也可采用分株法进行水培。

生态习性

性喜温暖、湿润的环境，较耐阴，耐寒力稍强，生长适宜温度为 18℃ ～ 25℃，冬季能耐 2℃ 低温，但越冬温度以不低于 5℃ 为好。夏天忌阳光直射，放置于有明亮散射光线处最好。

水培管理

15 天更新观叶植物营养液一次，高温干燥时应向植株喷水，以增湿、降温。

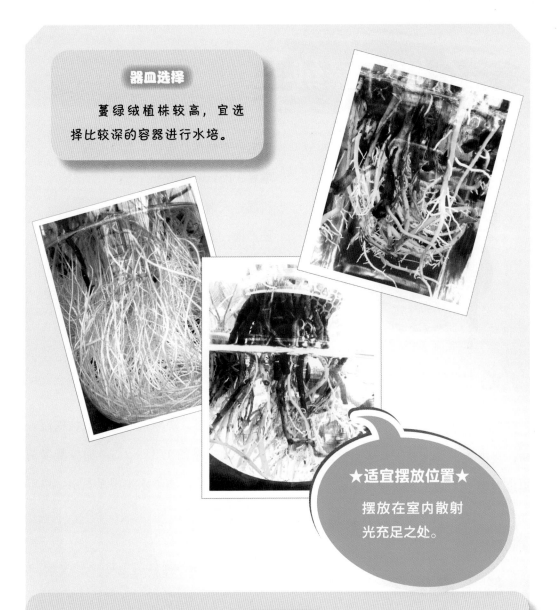

器皿选择

蔓绿绒植株较高，宜选择比较深的容器进行水培。

★适宜摆放位置★

摆放在室内散射光充足之处。

病虫害防治

　　蔓绿绒极少发生病虫害，偶尔发生红蜘蛛和介壳虫为害。红蜘蛛个别发生时可摘除病叶；大量发生时可喷 1.8% 阿维菌素 6000 倍液或晶体石硫合剂 400～500 倍液防治，也可用 200～300 倍洗衣粉液或 600～800 倍风油精液防治。介壳虫少量发生时用软刷蘸肥皂水清除，也可结合修剪去除；大量发生时用 10% 吡虫啉 1000～2000 倍液、烟参碱 1000 倍液或速扑杀 1000 倍液进行防治，也可用稀释 4～8 倍的食醋或 600～800 倍风油精液防治。

金钻蔓绿绒

别名：	喜树蕉、金钻、翡翠宝石。
学名：	Philodendroncongo
科属：	天南星科，喜林芋属。
原产地：	美洲热带雨林。
花语：	多子、多福。
净化污染物种类：	一氧化碳、甲醛、苯。
水培容易程度：	★★★

生态习性

性喜温暖、湿润、半阴环境，畏严寒，忌强光。冬季越冬温度宜在10℃以上。适宜气温为25℃～32℃、相宜湿度为70%时生长最快。

水培管理

15～20天更新观叶植物营养液一次，高温干燥时应向植株喷水以增湿、降温。

适宜摆放位置

放于室内具有散射光的地方，夏季要避免烈日直射。

取材方法

将脱盆、去土、洗净根系的土栽植株浸入清水中，浸没根系的1/2～2/3，加少量多菌灵水溶液防腐消毒，诱导水生根系长出。也可采用分株法进行水培。

器皿选择

较大植株的金钻，宜选择稳定性比较好的容器进行水培。小株的可选择小型玻璃容器。

病虫害防治

极少发生病害。虫害主要有红蜘蛛为害，个别发生时可摘除病叶，大量发生时可喷1.8%阿维菌素6000倍液防治。

冷水花

别名：	透明草、花时荨麻、白雪草。
学名：	Pilea notata C. H. Wrightia
科属：	荨麻科，冷水花属。
原产地：	越南。
花语：	寻求刺激、顽皮。
净化污染物种类：	二氧化碳、油烟、甲醛、苯。
清除挥发性有机物能力：	★★★★
水培容易程度：	★★★

🌿 生态习性

性喜温暖、湿润的气候条件，较耐阴，忌烈日，喜散射光。最适生长温度为18℃～30℃，比较耐寒。冬季室温不低于6℃不会受冻，14℃以上可以生长。

🌿 水培管理

用标准营养液浓度的1/4～1/2进行水培，生长期适当摘心，促进分枝，增加花芽，调整株型。在疏荫环境下叶色白绿分明，节间短而紧凑，叶面透亮并有光泽。

🌿 适宜摆放位置

室内有散射光处。

🌿 取材方法

将土培植株脱盆、去土、洗净根系后定植于与植株大小相匹配的玻璃容器中，用陶粒或石砾等进行固定，诱导生根。

🌿 器皿选择

选择带定植杯的小型玻璃容器。

🌿 病虫害防治

夏季高温季节易发生介壳虫、蚜虫为害。介壳虫少量发生时可结合修剪去除；大量发生时用10%吡虫啉1000～2000倍液防治。蚜虫零星发生时用烟草水（50倍液）刷掉，大量发生时可喷10%吡虫啉2000倍液防治。

鹅掌柴

别名：鸭脚木、摇钱树。

学名：*Schefflera octophylla*

科属：五加科，鹅掌柴属。

原产地：中国、日本。

花语：自然、和谐。

净化污染物种类：尼古丁、甲醛。

水培容易程度：★★★

生态习性：性喜温暖、湿润、半阴的环境。生长适温为 15℃～30℃，冬季最低温度不应低于 5℃，空气相对湿度应保持在 50%～70% 之间。空气相对湿度过低时下部叶片黄化、脱落，上部叶片无光泽。对光线适应能力强。

取材方法

将土培植株脱盆、去土、洗净根系，剪除部分须根后穿过种植盘浸入装有清水的容器中，根系浸没 1/3～1/2 即可，加少量多菌灵水溶液防腐消毒，诱导水生根系生长，上部用陶粒或石砾固定。

水培管理

水生根系长出后，适当添加稀释后的营养液。夏天 4～5 天加水一次，冬季 10～20 天加水一次，20～30 天更新营养液一次，pH 值控制在 5.5 左右。如室内种植，每天 4 小时左右的直射光即能生长良好。有黄、白斑纹的品种如光照太弱或偏施氮肥都会使其斑纹模糊，从而失去原有特征。鹅掌柴生长较慢，又易萌发徒长枝，平时需经常整形修剪。

器皿选择

鹅掌柴植株叶片较大，宜选择稳定性好的玻璃容器。

适宜摆放位置

摆放在室内光线明亮处。

病虫害防治

病害较少。虫害主要有红蜘蛛、介壳虫为害。红蜘蛛个别发生时可摘除病叶；大量发生时可喷 1.8% 阿维菌素 6000 倍液或晶体石硫合剂 400～500 倍液防治，也可用 200～300 倍洗衣粉液或 600～800 倍风油精液防治。介壳虫少量发生用软刷蘸肥皂水清除，也可结合修剪去除；大量发生时用 10% 吡虫啉 1000～2000 倍液、烟参碱 1000 倍液或速扑杀 1000 倍液进行防治，也可用稀释 4～8 倍的食醋或 600～800 倍风油精液防治。

合果芋

别名：	白蝴蝶、紫梗芋、箭叶芋、丝素藤。
学名：	Syngonium podophyllum
科属：	天南星科，合果芋属。
原产地：	美洲热带地区和西印度群岛。
花语：	单纯、简约之美。
净化污染物种类：	甲醛、一氧化碳、苯。
清除挥发性有机物能力：	★★★
水培容易程度：	★★★★★

取材方法

将带有气生根的植株用洗根法栽植，一年四季都可以进行。

生态习性

性喜高温、多湿、半阴的环境，不耐寒，生长适温为20℃～30℃。冬季有短暂的休眠现象，室温保持15℃以上可正常生长，低于10℃叶片出现枯黄、脱落，越冬最低温度为5℃。生长旺季要求高温、高湿的环境条件，要经常向叶面和地面喷水，保持叶面清洁。冬季应控制浇水。

水培管理

使用观叶植物营养液进行养护，45～60天更换营养液一次，营养液深度不能低于根系的1/3。

器皿选择

选择较厚实的容器，用陶粒作为固定基质固定水培植株。

★适宜摆放位置★

夏季多放置在室外的半阴处养护，冬季放在室内散射光比较充足的地方。

病虫害防治

常见病害有叶斑病和灰霉病。虫害有粉虱、蚜虫等为害。发生叶斑病可喷施 50% 代森锌 600 倍液或 50% 多菌灵可湿性粉剂 500～1000 倍液防治。发生灰霉病可喷施 50% 代森铵 500～1000 倍液或 50% 多菌灵 1000 倍液防治。发生粉虱可用黄板诱杀，也可用 2.5% 溴氰菊酯、20% 杀灭菊酯、10% 二氯苯醚菊酯、20% 速灭杀丁 2000 倍液防治。蚜虫零星发生时用毛笔蘸肥皂水或用烟草水（50 倍液）刷掉，大量发生时可喷 10% 吡虫啉 2000 倍液防治。

吊竹梅

别名：	吊竹兰、斑叶鸭跖草、紫背鸭跖草。
学名：	Zebrina pendula
科属：	鸭跖草科，吊竹梅属。
原产地：	墨西哥。
花语：	率真、朴实。
净化污染物种类：	甲醛、一氧化碳、苯及灰尘。
清除挥发性有机物能力：	★★★★
水培容易程度：	★★★★★

生态习性

性喜温暖多湿、耐阴通风的环境，不耐寒，生长适温为15℃～25℃，10℃以上可安全越冬。

水培管理

使用观叶植物营养液进行养护，30天更新营养液一次，要经常向叶面喷水以保持空气湿度，可适当进行修剪，以保持植株外形的优美。

适宜摆放位置

摆放在室内有散射光处，忌强光直射。

取材方法

摘取含须根的壮茎数节插于容器中，3～5天即可生根成活。

器皿选择

选择8～20厘米的玻璃容器均可。

病虫害防治

该植株适应性强，不易发生病虫害。

菜豆树

别名：	幸福树、辣椒树、接骨凉伞、山菜豆树。
学名：	Radermacherasinica
科属：	紫葳科，菜豆树属。
原产地：	中国南部的热带及亚热带地区。
花语：	幸福、平安。
净化污染物种类：	甲醛、苯、一氧化碳。
水培容易程度：	★★★

生态习性

性喜高温、多湿、阳光充足的环境。畏寒冷，宜湿润，忌干燥，空气湿度一般要保持在70%～80%之间。生长适温为15℃～30℃。夏季勿阳光直射，要适当遮光。越冬期间最好能维持不低于8℃的棚室温度，最低不得低于5℃，以免出现冻害。

水培管理

水生根系长出后，适当添加稀释后的营养液，夏天4～5天加水一次，冬季10～20天加水一次，20～30天更新营养液一次，pH值控制在5.5左右。

取材方法

将土培植株脱盆、去土、洗净根系后进行修根，用陶粒或石砾固定在定植杯中，然后放入装有清水的容器内，浸没根系的1/3～1/2，加少量多菌灵水溶液防腐消毒，诱导水生根系生长。

器皿选择

视植株大小选择玻璃容器。

适宜摆放位置

室内光照充足或散射光充足处。

病虫害防治

常发生叶斑病，可喷施50%代森锌600倍液防治。虫害有介壳虫为害，少量发生时可结合修剪去除；大量发生时用10%吡虫啉1000～2000倍液防治。

观花类花卉

朱顶红

别名：百枝莲、孤挺花、华胄兰。

学名：Hippeastrum rutilum

科属：石蒜科，孤挺花属。

原产地：秘鲁。

花语：渴望被爱。

水培容易程度： ★★★

生态习性：性喜温暖、湿润和阳光不过强的环境，冬季休眠期要求冷凉而干燥。喜阳光，但忌强光直射。

取材方法

选取 3 年生以上种球，秋后霜前剪去全部叶片，控水促其休眠（休眠期不少于 25 天或至春节前 50 天，迟则节前难见花），然后将球茎用 1‰ 浓度的高锰酸甲溶液浸洗，并清除老根及杂质后定植在水仙盆里（放上干净的粗砂粒或小石子，以固定球生出的新根）。若使用玻璃器具作为壁挂，可以不放砂粒或石子。

水培管理

水只要浸没种球一小半就行，放在避光处，环境温度要保持在 20℃～25℃ 之间。每隔 4～5 天换水一次。为了使花朵开得更好，不妨在花葶露头后每周在新换的水中加一点无机肥，施较为稀薄的无机液肥可使花朵艳丽、叶色碧绿。

器皿选择

根据植株大小选择具有定植杯的玻璃容器。

适宜摆放位置

宜放置在明亮无强光直射的地方。

病虫害防治

易发生介壳虫为害，少量发生时用软刷蘸肥皂水清除，也可结合修剪去除；大量发生时用 10% 吡虫啉 1000～2000 倍液、烟参碱 1000 倍液或速扑杀 1000 倍液进行防治，也可用稀释 4～8 倍的食醋或 600～800 倍风油精液防治。

君子兰

别名：箭叶石蒜、大花君子兰、大叶石蒜、南非百合、达木兰。

学名：Clivia miniata

科属：石蒜科，君子兰属。

原产地：南非。

花语：有爱，生命就会开花。

净化污染物种类：硫化氢、一氧化碳、烟雾、二氧化碳。

清除挥发性有机物能力：★★★

水培容易程度：★★★★

生态习性：性喜温暖、湿润而半阴的环境，不耐寒。生长期适宜温度为15℃～25℃，温度在30℃以上植株会发生徒长，越冬温度为5℃～8℃，0℃以下易遭受冻害，5℃以下生长受到抑制,开花适温为15℃～20℃。夏季要凉爽,怕阳光直射。冬季要放在温暖且光照充足的地方。

取材方法

将植株脱盆、去土，洗净根系后将根系从定植孔中伸进营养液中，浸没根系的1/2。遮光有利于新根的生长。

器皿选择

君子兰根系直立粗壮，应选择高型敦实的玻璃容器。

适宜摆放位置

放置在室内光照充足、空气流通处。

病虫害防治

易发生炭疽病，可喷施50%多菌灵可湿性粉剂500～1000倍液、70%甲基托布津可湿性粉剂700～800倍液或65%代森锌600～800倍液防治。

水培管理

一般炎夏季节可隔天甚至每天换清水一次，并投入小块木炭防腐，冬季每隔10～15天换水一次，用水的pH值以保持在6.0～7.0之间为宜。定期少量施用2～3滴营养液，既要加营养液于水中，又要用营养液（营养液可用君子兰肥自制或在花店购买）喷洒叶片，使其茁壮生长。开花期停止根外施肥，防止花朵提早凋谢。

君子兰营养液分无机和有机两种。无机营养液可按如下比例配制。大量元素：硝酸钙0.27克，硝酸钾0.13克，磷酸二氢钾0.08克，硫酸镁0.13克。微量元素：乙二胺四乙酸二钠8.0毫克，硫酸亚铁5.0毫克，硫酸锰1.4毫克，硼酸2.0毫克，硫酸锌0.07毫克，硫酸铜0.04毫克，钼酸钠0.09毫克。以上无机盐配齐后，溶于1000毫升纯净水水中，pH值调至5.5～6.5即可使用。有机营养液按如下方法配制：炒熟麻籽面100克、骨粉（无盐鲜骨制成）100克、豆饼粉150克、熟芝麻粉50克，溶于1000克水中。以上两种营养液比较起来，有机肥成分丰富，但营养含量不高；无机肥成分相对单一，但肥效大，见效快。为取长补短，二者可结合使用。若单用，无机肥每周施用一次，有机肥5天施用一次。

红掌

别名：	安祖花、火鹤花、红鹅掌、弗拉门戈花。
学名：	Anthurium andraeanum
科属：	天南星科，花烛属。
原产地：	南美洲热带雨林。
花语：	热情燃烧的心。
净化污染物种类：	苯、三氯乙烯。
水培容易程度：	★★★★

🌺 取材方法

将植株洗净根系，用海绵等质地柔软的物质挟裹根际植入定植杯。

生态习性

性喜高温、高湿的环境，不耐寒，忌阳光直射。生长适宜温度为20℃~28℃，越冬温度不低于15℃，10℃左右停止生长。不耐干燥，适宜相对湿度为80%以上。全年宜在适当遮阴的弱光下生长，冬季可适当增加光照，以利根系发育。不耐盐碱。

🌺 水培管理

将根系的1/3~3/4浸入营养液中，平均10~15天更新营养液一次，并经常对根系进行冲洗，以保持其清洁。夏季高温期要注意通风降温，经常向植株及周围喷水以增加空气湿度，并调节气温。冬季保持10℃以上即可保证其越冬。

🌀注意事项

全株有毒。误食后嘴里会感觉又烧又痛，随后会肿胀起泡，嗓音变得嘶哑，并且吞咽困难。

器皿选择

可选择工艺、质地优良的瓷质或玻璃容器。

★适宜摆放位置★

摆放在室内有一定散射光处，夏季需要遮阴，经常向植株及其周围喷水以增加空气湿度。

病虫害防治

炭疽病是红掌常见病害之一，高湿是该病发生的主要原因，因此应保证其在相对湿度的基础上，经常通风透光，及时摘除病叶，必要时喷施50%多菌灵可湿性粉剂500～1000倍液、70%甲基托布津可湿性粉剂700～800倍液或65%代森锌600～800倍液进行防治。

墨兰

别名：	报岁兰、拜岁兰、丰岁兰。
学名：	Cymbidium sinensis Wild
科属：	兰科，兰属。
原产地：	中国、印度、缅甸。
花语：	淡泊、高雅。
净化污染物种类：	甲醛。
水培容易程度：	★

生态习性

性喜温暖、湿润的环境，喜阴，不耐寒，生长期间相对湿度要达90%，遮阴达85%。墨兰对低温十分敏感，18℃～30℃最好，气温低于10℃，植株会受冻害，叶片脱落，花瓣出现褐色斑。

水培管理

20～30天换营养液一次。花前或花后叶面喷施0.1%的磷酸二氢钾稀溶液，可促使开花和萌发新根、新叶。夏季置阴凉通风处，并常向叶面喷水。冬季和早春可接受阳光直射。

适宜摆放位置

摆放在散射光充足的地方。

取材方法

选择幼嫩植株洗去根部基质，剪除枯根和烂叶，然后定植于透明容器中，加清水浸没根系的1/3。操作时要注意不可碰伤根尖，也不要加入坚硬的固体基质，以免换水时碰伤根系。水培初始每5天换清水一次，因其为气生根，只要根系不全部浸入水中，便能很快适应水培养植。

器皿选择

选择有定植杯的圆柱形玻璃容器。

病虫害防治

常发生炭疽病。有红蜘蛛为害。发生炭疽病可喷施50%多菌灵可湿性粉剂500～1000倍液防治。红蜘蛛个别发生时可摘除病叶，大量发生时可喷1.8%阿维菌素6000倍液防治。

仙客来

别名：	萝卜海棠、兔耳花、一品冠。
学名：	Cyclamen persicum
科属：	报春花科，仙客来属。
原产地：	地中海沿岸地区。
花语：	天真无邪、迎接贵客。

净化污染物种类：灰尘。

水培容易程度：★★

生态习性

性喜凉爽、湿润及阳光充足的环境，不耐寒，也不喜高温。生长适温为10℃～20℃，越冬温度在5℃左右，30℃以上植株停止生长，进入休眠，35℃以上球茎易腐烂、死亡。

水培管理

每周加1～2次水。选用标准浓度1/2的观花植物营养液，pH值控制在6～7之间，25～30天更新营养液一次。水养2～3个月后，将植株取出栽到栽培基质中度夏。

适宜摆放位置

摆放在阳光充足的地方，但高温时需遮阴。

取材方法

选择1年生至3年生无病虫害、生长旺盛、含苞待放的仙客来植株脱盆，用20℃温水洗净根系黏附的基质，直接放入事先准备好的容器中，用陶粒将球茎固定在定植杯中，水的深度与根际齐平，最深不能超过球茎的1/3，以免球茎腐烂。

器皿选择

选择带有定植杯的容器，用陶粒固定。

病虫害防治

主要病害为灰霉病。主要虫害有蚜虫为害。养护时注意加强通风，适当降低湿度，避免造成伤口。发生灰霉病可喷施50%代森铵500～1000倍液或50%多菌灵1000倍液防治。蚜虫零星发生时用毛笔蘸肥皂水或用烟草水（50倍液）刷掉，大量发生时可喷10%吡虫啉2000倍液防治。

中国水仙

别名：	凌波仙子、玉玲珑、天葱。
学名：	Narcissus tazetta var.chinensis
科属：	石蒜科，水仙花属。
原产地：	中国浙江、福建等省。
花语：	多情、想你。
水培容易程度：	★★★★★

生态习性

性喜温暖、湿润、阳光充足的环境，畏寒，怕热，生长适温为10℃～15℃。温度过低，生长缓慢，叶片短小，开花迟；温度过高，叶子多而长，花芽营养受到影响，开花不好，甚至会烂根坏球。

水培管理

水培初期每日换清水一次，以后每2～3天换清水一次，花苞形成后，每周换清水一次。10℃～15℃环境下生长良好，约45天可开花，花期可保持月余。一般不需要施肥，在开花期间稍施速效磷肥可以延长花期和延缓花朵枯萎。

取材方法

去掉水仙的泥土和枯根，用小刀剥去鳞茎上部3～4层外表皮，使其间的花芽露出。将鳞茎放入清水中浸泡一夜，第二天擦去切口流出的黏液，再放入浅盆中，加水以淹没鳞茎1/3为宜。盆中可用鹅卵石等将鳞茎固定。白天放在阳光充足的地方，晚上将盆内的水倒掉。次日早晨再加入清水，不要移动鳞茎的方向。

器皿选择

选择磁质或玻璃浅盆。

适宜摆放位置

摆放在室内阳光充足的地方。

病虫害防治

主要病害为褐斑病、叶枯病等。发生褐斑病可喷洒120～160倍等量波尔多液防治。

别名：绣球、斗球、阴绣球、草绣球、紫阳花。

学名：Hydrangea macrophylla

科属：虎耳草科，八仙花属。

原产地：中国、日本。

花语：善变、骄傲。

净化污染物种类：二氧化硫、汞蒸气。

水培容易程度：★★★

生态习性：性喜温暖、湿润、半阴环境，生长适温为18℃～28℃，冬季不低于5℃。忌烈日照射，光线太强叶片会被灼伤、卷边。

八仙花

水培管理

夏季 7～10 天更新营养液一次，冬季 20～25 天更新一次。八仙花叶片的蒸腾量很大，因此必须及时浇水，即使短时间缺水，也可造成叶缘干枯、萎蔫，花朵坏死。尤其在夏季，必须遮阴、降温以减少蒸腾，并保持 60% 以上的空气湿度。另外，八仙花花色受 pH 值影响，通常在酸性环境呈蓝色，而碱性环境呈红色。因此，要根据需要的花色确定水的 pH 值。八仙花耐阴，阳光直射会造成日灼，需遮阴。

取材方法

选择株型好的土培植株脱盆、去土、洗净根系，然后定植于装有清水的玻璃容器中，浸没根系的 1/2～2/3 即可，加少量多菌灵水溶液防腐消毒，诱导水生根系长出。

器皿选择

选择双层容器，上层用陶粒、珍珠岩等介质固定。

适宜摆放位置

摆放在室内有散射光处。

病虫害防治

常见虫害为蚜虫，零星发生时用毛笔蘸肥皂水或用烟草水（50 倍液）刷掉，大量发生时可喷 10% 吡虫啉 2000 倍液防治。常见病害主要有白粉病和叶斑病。发生白粉病可喷施 70% 甲基托布津可湿性粉剂 700～800 倍液、50% 代森铵 800～1000 倍液或 50% 多菌灵可湿性粉剂 500～1000 倍液防治。发生叶斑病可喷施 50% 代森锌 600 倍液或 50% 多菌灵可湿性粉剂 500～1000 倍液防治。

别名：山栀、白蟾、黄栀子。

学名：Gardenia jasminoides

科属：茜草科，栀子属。

原产地：中国。

花语：永恒的爱、一生守候、喜悦。

净化污染物种类：二氧化硫。

清除挥发性有机物能力：★★★

水培容易程度：★★

生态习性：性喜温暖、湿润、光照充足且通风良好的环境，忌强光暴晒。较耐寒，耐半阴，怕积水。20℃～25℃是栀子花最佳生长发育温度，冬季室内养护保持在6℃～10℃为宜，最低不得低于0℃。

栀子

水培管理

夏天4～5天加清水一次，冬季10～12天加清水一次，20～30天更新营养液一次，pH值控制在5.5左右。

取材方法

将剪下的栀子花枝条浸泡在清水中，或将土生植株洗净根系，修剪部分须根后浸泡在容器中，根系浸入水中1/2左右，用陶粒或卵石固定，加少量多菌灵水溶液防腐消毒，诱导水生根系生长，根系可全部浸没在溶液中。

器皿选择

选择稳定性好的中小型玻璃容器。

适宜摆放位置

摆放在光照充足且通风良好的环境中，忌强光暴晒。

病虫害防治

主要病害有褐斑病、炭疽病、煤烟病、根腐病及黄化病。用甲基托布津、百菌清、多菌灵1000倍液防治。

百合

别名：强瞿、番韭、山丹、倒仙。

学名：Lilium spp.

科属：百合科，百合属。

原产地：中国。

花语：顺利、心想事成、祝福、高贵。

净化污染物种类：一氧化碳、二氧化硫。

水培容易程度：★★

生态习性：百合为长日照植物，性喜冷凉、湿润的环境，耐寒，喜光照充足，但夏季栽培时要遮去全光照的50%～70%。生长适温白天为20℃～25℃，夜晚为10℃～15℃，5℃以下或28℃以上生长不良。

取材方法

选择发育充实、健壮、均匀、无病的大球品种，定植在敦实的玻璃容器中，以陶粒、彩石等介质固定鳞茎，切忌将鳞茎浸没在营养液中。

水培管理

用稀释的观花植物营养液浸没根系的2/3即可,视蒸发情况添加营养液。

注意事项

百合花所散发出来的香味如闻之过久，会使人的中枢神经过度兴奋而引起失眠。

器皿选择

因植株较高，宜选择敦实的玻璃容器，用陶粒、彩石、玻璃球等固定。

适宜摆放位置

摆放在光照充足的地方，夏季需遮阴。

病虫害防治

主要有黑斑病、灰霉病和锈病为害。发生锈病，早春萌芽前喷施波美3～4度石硫合剂防治；生长季喷施25%粉锈宁可湿性粉剂1500倍液或65%代森锌可湿性粉剂500～600倍液防治。发生灰霉病可喷施50%代森铵500～1000倍液或50%多菌灵1000倍液防治。虫害有蚜虫为害，零星发生时用毛笔蘸肥皂水或用烟草水（50倍液）刷掉，大量发生时可喷10%吡虫啉2000倍液防治。

蝴蝶兰

别名:	蝶兰。
学名:	Phalaenopsis amabilis
科属:	兰科,蝴蝶兰属。
原产地:	中国、泰国、菲律宾、马来西亚、印度尼西亚等地。
花语:	高洁。
净化污染物种类:	二甲苯、甲苯。
水培容易程度:	★★

取材方法

选取已孕育花芽的盆栽成年植株,洗去根部基质,剪除枯根和烂叶后定植于透明容器中,加清水浸没根系的 1/3 ~ 1/2。因其根尖相当敏感,操作时要细心加以保护,不可触碰以致损伤,也不要加入坚硬的固体基质,以免换水时伤根。

生态习性

性喜高温、高湿、通风环境,耐阴,不耐寒,忌闷热。需光 40% ~ 70%,要求相对湿度为 70% ~ 80%。蝴蝶兰对温度要求较高,最适生长温度白天为 25℃ ~ 28℃,夜间为 18℃ ~ 20℃,15℃以下会停止生长,低于 10℃ 容易死亡。喜荫蔽和散射光环境,忌强光照射。

水培管理

水培初始每 2 ~ 3 天换清水一次,因其根系为气生根,只要根系不全部浸入水中,很快就能适应水培养植。当植株新根处于生长势时,放置在散射光充足的地方,加入营养液进行培养,每 25 ~ 35 天换营养液一次。花前或花后叶面喷施 0.1% 的磷酸二氢钾稀溶液,可促使开花和萌发新根、新叶。蝴蝶兰对低温十分敏感,温度低于 15℃ 时根部停止吸水,造成植株生理性缺水,老叶变黄脱落;温度低于 10℃ 会受冻,叶片会相继脱落。

器皿选择

选择具有一定高度且比较敦实的玻璃容器。

★适宜摆放位置★

摆放在室内散射光充足的地方。夏季置于阴凉通风处，避免强光直射，并常向叶面喷水。冬季和早春可接受阳光照射，如光照不足，还可用日光灯补充光照，有利于叶片增厚和花蕾健壮。

病虫害防治

　　蝴蝶兰对病虫害的抵抗力较弱，常见病害有叶斑病、褐斑病和灰霉病。常见虫害有介壳虫和粉虱为害。发生叶斑病可喷施50%代森锌600倍液或50%多菌灵可湿性粉剂500～1000倍液防治。发生褐斑病和灰霉病可喷洒波尔多液、代森锌可湿性粉剂或用甲基托布津、多菌灵等防治。介壳虫少量发生时用软刷蘸肥皂水清除，也可结合修剪去除；大量发生时用10%吡虫啉1000～2000倍液、烟参碱1000倍液或速扑杀1000倍液进行防治，也可用稀释4～8倍的食醋或600～800倍风油精液防治。发生粉虱用黄板诱杀，也可用2.5%溴氰菊酯、20%杀灭菊酯、10%二氯苯醚菊酯、20%速灭杀丁2000倍液防治。

月季

别名：	月月红，长春花。
学名：	Rosa chinensis
科属：	蔷薇科，蔷薇属。
原产地：	分布广，世界各地均有。
花语：	幸福、光荣、美艳长新。
净化污染物种类：	硫化氢、苯、苯酚、氯化氢、乙醚等。
水培容易程度：	★★

取材方法

可用水插法：将枝条剪下用 0.05% ～ 0.1% 高锰酸钾消毒 10 分钟后浸入水中诱导生根，注意根部避光。水位不可太高，以基部入水 3～5 厘米为宜，生根后的月季应 1～2 周加营养液。也可将土培植株去土、洗根，修剪部分须根，用定植杯固定在容器中水培，加少量多菌灵水溶液防腐消毒，诱导水生根系生长。

生态习性

适应性强，耐寒、耐旱，喜欢温暖日照充足的环境，22℃ ～ 25℃ 为生长的适宜温度，盛夏需适当遮阴。

水培管理

夏季 20 天左右更新观叶植物营养液一次，冬季 30 ～ 40 天更新营养液一次，营养液初始液位不能过高，浸没根系的 1/3 即可。夏季高温需适当遮阴。

器皿选择

　　选择带有定植杯的圆形玻璃容器。

★适宜摆放位置★

放置于室内具有散射光的地方。

病虫害防治

　　易发生黑斑病、白粉病等病害和蚜虫、介壳虫等虫害。发生白粉病可喷施70%甲基托布津可湿性粉剂700～800倍液、50%代森铵800～1000倍液或50%多菌灵可湿性粉剂500～1000倍液防治。蚜虫零星发生时用毛笔蘸肥皂水或用烟草水（50倍液）刷掉，大量发生时可喷10%吡虫啉2000倍液防治。介壳虫少量发生时用软刷蘸肥皂水清除，也可结合修剪去除；大量发生时用10%吡虫啉1000～2000倍液、烟参碱1000倍液或速扑杀1000倍液进行防治，也可用稀释4～8倍的食醋或600～800倍风油精液防治。

茉莉

别名：木梨花、末莉、末丽。

学名：Jasminum sambac

科属：木樨科，素馨属。

原产地：中国、印度、阿拉伯等地。

花语：清纯、贞洁、质朴、玲珑。

净化污染物种类：产生的挥发性油类具有杀菌作用。

水培容易程度：★★

生态习性：性喜温暖、湿润、通风良好、半阴的环境。畏寒、畏旱，不耐霜冻、湿涝和盐碱。冬季气温低于3℃时，枝叶易遭受冻害，如持续时间长就会死亡。

取材方法

将土培植株脱盆、去土、洗根后，用陶粒或石砾固定在定植杯中，放入装有清水的容器内，浸没根系的 $1/2 \sim 2/3$，加少量多菌灵水溶液防腐消毒，诱导水生根系生长。

水培管理

水生根系长出后，适当添加稀释后的营养液，夏天 $4 \sim 5$ 天加水一次，冬季 $10 \sim 20$ 天加水一次，$20 \sim 30$ 天更新营养液一次，pH 值控制在 5.5 左右。

器皿选择

视植株大小选择带有种植杯的精巧玻璃容器。

适宜摆放位置

冬季摆放在室内阳光充足之处，夏季放在凉爽荫蔽处。

病虫害防治

常发生叶枯病和炭疽病。发生炭疽病可喷施 50% 多菌灵可湿性粉剂 $500 \sim 1000$ 倍液、70% 甲基托布津可湿性粉剂 $700 \sim 800$ 倍液、65% 代森锌 $600 \sim 800$ 倍液或 75% 百菌清 800 倍液防治。发生叶枯病可用 50% 克菌丹 800 倍液防治。虫害有红蜘蛛为害，个别发生时可摘除病叶；大量发生时可喷 1.8% 阿维菌素 6000 倍液或晶体石硫合剂 $400 \sim 500$ 倍液防治，也可用 $200 \sim 300$ 倍洗衣粉液或 $600 \sim 800$ 倍风油精液防治。

别名：极乐鸟花、天堂鸟。

学名：Strelitzia reginae

科属：旅人蕉科，鹤望兰属。

原产地：非洲南部。

花语：自由、幸福、潇洒、吉祥。

净化污染物种类：甲醛、乙醚、三氯乙烯。

水培容易程度：★★

生态习性：性喜温暖、湿润的环境，喜光，不耐寒。冬季温度要保持在 10℃～25℃之间，低于 8℃停止生长，温度降至 4℃以下，短期内植株虽也能忍耐，但所形成的花苞易枯死。

鹤望兰

取材方法

选择小型植株脱盆、去土、洗净根系，用定植杯固定在装有水的玻璃容器中诱导生根，水中加少量多菌灵消毒。定植杯中装入陶粒或石砾进行固定。水生根系长出后可适当添加稀释后的营养液。

水培管理

生长期每10天更换营养液一次，尤其在长出新叶时更要及时更换营养液。花芽分化发育期间，应使温度稳定和缓慢上升，同时给予充足的水分和养分，以保证植株生长发育的需要。花谢后应及时剪除花茎，以减少养分的消耗。

器皿选择

因植株较大，宜选用稳定性好的大型玻璃容器。

适宜摆放位置

春、秋、冬适宜摆放在阳光充足的地方，夏季则需遮阳。

病虫害防治

主要病害为叶斑病、灰霉病。发生叶斑病可喷施50%代森锌600倍液或50%多菌灵可湿性粉剂500～1000倍液防治。发生灰霉病可喷施50%代森铵500～1000倍液或50%多菌灵1000倍液防治。通风不畅时易生介壳虫，少量发生时用软刷蘸肥皂水清除，也可结合修剪去除；大量发生时用10%吡虫啉1000～2000倍液、烟参碱1000倍液或速扑杀1000倍液进行防治，也可用稀释4～8倍的食醋或600～800倍风油精液防治。

铁兰

别名：	紫花凤梨、细叶凤梨。
学名：	Tillandsia cyanea
科属：	凤梨科，铁兰属。
原产地：	厄瓜多尔、美洲热带及亚热带地区。
花语：	完美无缺。
净化污染物种类：	二氧化碳、甲醛、苯、甲苯等。
水培容易程度：	★★★

🌺 取材方法

春季花后将母株长出带根的子株切下，削平基部并剥去近基部数叶片，置于容器中，使之触及水面，在荫蔽和20℃环境下，2～3周即可生根。也可取盆栽植株洗根后水培，但生根较慢，约需一月多且生根较少。

生态习性

性喜明亮光线、高温、高湿的环境，忌阳光直射，在原产地生于热带森林的大树上，较耐干燥和寒冷，生长适温为20℃～30℃，越冬最低温度为10℃。

🌺 水培管理

每15天左右换观花植物营养液一次，夏季避免阳光直射，生长旺季要经常浇水，并向地面喷水，增加湿度，但不要向叶簇喷水，防止烂叶。

器皿选择

选择小型玻璃容器。

★适宜摆放位置★

放置于室内具有散射光的地方。

病虫害防治

容易受介壳虫为害，少量发生时用软刷蘸肥皂水清除，也可结合修剪去除；大量发生时用 10% 吡虫啉 1000 ~ 2000 倍液、烟参碱 1000 倍液或速扑杀 1000 倍液进行防治，也可用稀释 4 ~ 8 倍的食醋或 600 ~ 800 倍风油精液防治。

多浆类花卉

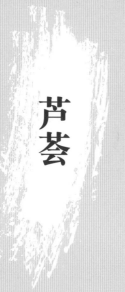

芦荟

别名：西非芦荟、蜈蚣掌、龙角、狼牙掌。

学名：Aloe arborescens var. natalensis

科属：百合科，芦荟属。

原产地：南非、中国云南。

花语：自尊又自卑的爱。

净化污染物种类：甲醛、一氧化碳、过氧化氮、苯乙烯、二氧化硫、尼古丁等。

水培容易程度：★★

生态习性：性喜温暖、向阳、干燥的环境条件，不耐寒，耐盐碱，耐阴，冬季气温不能低于5℃，适应性强，生长期宜稍湿润，休眠期宜干，只要有散射阳光就能生长良好。

取材方法

将带根系的子株，或选取株形小巧的土培芦荟，洗净根系后定植于透明容器中，注入清水至根系的 2/3 处。将容器移至阴凉背风处，每 2～3 天换清水一次，发现烂根要及时除去，约 30 天后可长出新根。

水培管理

用观叶植物营养液长期培养，30～35 天更换营养液一次。室温在 5℃以上能安全越冬，若要使植株开花，冬季室温需在 10℃以上。

适宜摆放位置

夏季有短暂休眠，放在半阴和通风处，冬季放在室内向阳处。

器皿选择

选择稳定性好的容器，以防植株长大后倾倒。

病虫害防治

病害有炭疽病和灰霉病。虫害有介壳虫和粉虱为害。发生炭疽病可喷施 50% 多菌灵可湿性粉剂 500～1000 倍液或 70% 甲基托布津可湿性粉剂 700～800 倍液防治。发生灰霉病可喷施 50% 代森铵 500～1000 倍液或 50% 多菌灵 1000 倍液防治。介壳虫少量发生时用软刷蘸肥皂水清除，也可结合修剪去除；大量发生时用 10% 吡虫啉 1000～2000 倍液、烟参碱 1000 倍液或速扑杀 1000 倍液进行防治，也可用稀释 4～8 倍的食醋或 600～800 倍风油精液防治。发生粉虱时用黄板诱杀，也可用 2.5% 溴氰菊酯、20% 杀灭菊酯、10% 二氯苯醚菊酯或 20% 速灭杀丁 2000 倍液防治。

龙舌兰

别名：	剑麻、番麻、世纪树。
学名：	Agave americana
科属：	龙舌兰科，龙舌兰属。
原产地：	墨西哥。
花语：	为爱不顾一切。

净化污染物种类：甲醛、一氧化碳、苯。

清除挥发性有机物能力：★★★★

水培容易程度：★★★

🌱 水培管理

水培初期 2 ～ 3 天换清水一次，20 天后可加入稀释后的观叶植物营养液，20 ～ 30 天更换营养液一次。

🌱 生态习性

性强健，喜温暖，稍耐寒。生长适温为 15℃ ～ 25℃，在 5℃ 以上的气温下可露地栽培，在 -5℃ 的低温下叶片仅受轻度冻害，-13℃ 地上部受冻腐烂，地下茎不死，翌年正常生长。喜阳光，不耐阴，耐旱力强。

🌱 器皿选择

选择比较敦实的玻璃容器。

🌱 取材方法

于春、秋两季选取株型丰满的土培幼龄植株，脱盆、去土、洗根，放在与莲座大小相吻合的玻璃容器中，加清水至根系的 1/2 ～ 2/3，7 ～ 10 天后可见水生根系长出。

🌱 适宜摆放位置

置于光线明亮处，夏季忌强光直射。

🌱 病虫害防治

常发生叶斑病、炭疽病和灰霉病。发生叶斑病可喷施 50% 代森锌 600 倍液防治。发生炭疽病可喷施 50% 多菌灵可湿性粉剂 500 ～ 1000 倍液防治。发生灰霉病可喷施 50% 代森铵 500 ～ 1000 倍液防治。虫害有介壳虫为害，少量发生时用软刷蘸肥皂水清除，大量发生时用 10% 吡虫啉 1000 ～ 2000 倍液防治。

山影拳

别名:	山影、仙人山、金麒麟。
学名:	Cereus
科属:	仙人掌科,天轮柱属。
原产地:	阿根廷北部及巴西南部。
净化污染物种类:	甲醛、一氧化碳、二氧化硫。
水培容易程度:	★★

🌿 水培管理

用园试营养液标准浓度的 1/4 ～ 1/3 培养,pH 值控制在 6 ～ 8 之间,15 ～ 20 天更新营养液一次。营养液浸没根系的 1/2 ～ 2/3 即可。

🌿 生态习性

性强健,喜阳光充足,也能耐阴,长期在散射光下也能正常生长。耐旱性极强,耐瘠薄,耐盐碱,不耐湿,不耐寒。最适生长温度为 15℃～ 32℃,怕高温闷热,在夏季酷暑气温 33℃以上时进入休眠状态。越冬温度需要保持在 10℃以上,在冬季气温降到 7℃以下进入休眠状态,如果环境温度接近 4℃,会因冻伤而死亡。

🌿 取材方法

将植株脱盆、去土、洗净根系后,放入 0.1% 的高锰酸钾或托布津溶液中浸泡 10 ～ 15 分钟,而后用陶粒或卵石将植株固定在容器中,加入少量水,诱导水生根系长出。

🌿 器皿选择

山影拳植株叶厚肉多,宜选择稳定性好的容器。

🌿 适宜摆放位置

光照充足处和散射光下均能正常生长。

🌿 病虫害防治

山影拳很少罹患病虫害。干旱、闷热、缺乏通风的条件下,容易受红蜘蛛为害,个别发生时可摘除病叶,大量发生时可喷 1.8% 阿维菌素 6000 倍液防治。

仙人球

别名：草球。
学名：Echinopsis tubiflora
科属：仙人掌科，仙人球属。
原产地：阿根廷及巴西南部。
花语：坚强。
净化污染物种类：甲醛、乙醚、电磁辐射、二氧化碳。
清除挥发性有机物能力：★★★★★
水培容易程度：★★

取材方法

选择球体健壮的仙人球，最好是球体下部根茎部向下突出的植株，三菱剑嫁接栽培的仙人球更易水培。将球体下原来的死根完全剪除，要求剪口平整。然后用清水把附着在根茎部的泥土冲洗干净，在干燥处晾 3 天，使切口完全干燥。准备一个大小合适的玻璃瓶，将处理好的仙人球用花泥或泡沫固定在瓶口，下面加入营养液，营养液的高度正好接触到根茎部。将定植好的仙人球放在有比较强的散射光的环境里，温度保持在20℃以上，一般 3～7 天发出水生根。出现水生根后立即更换营养液。注意：仙人球在诱变过程中严禁对球体喷水，易导致球体腐烂坏死。

生态习性

性强健，喜温暖，不耐寒。喜冬季阳光充足，夏季半阴，怕雨淋和水涝，耐瘠薄。

水培管理

夏季 7 天左右换清水一次，冬季10～15天左右换清水一次，换水时加入数滴水培花卉专用营养液即可。水培仙人球时，水位不可超过根部的1/2。

器皿选择

选择比较敦实的容器。

★适宜摆放位置★

冬季置于室内阳光充足处，夏季置于半阴处。

病虫害防治

保持植株处于通风良好的生长环境中，一般不易发生病虫害。

金琥

别名：	象牙球。
学名：	Echinocactus grusonii
科属：	仙人掌科，金琥属。
原产地：	墨西哥中部干旱、炎热的热带沙漠地区。
花语：	自信、豪放。
净化污染物种类：	甲醛、乙醚、电磁辐射、二氧化碳。
清除挥发性有机物能力：	★★★★
水培容易程度：	★★

取材方法

选择适宜大小的土培植株，脱盆、去土、洗净根系后定植于事先选定的容器中。

生态习性

性喜温暖、干燥、阳光充足的环境条件，畏寒、忌湿，夏季高温炎热期应适当遮阴，以防球体被强光灼伤。越冬温度在10℃以上。

水培管理

用园试营养液标准浓度的1/4～1/3养护，pH值控制在5.5～7之间，夏季5～7天加清水一次，10～15天更换营养液一次，秋、冬季每10～12天加水一次，20～30天更换营养液一次，营养液高度以浸没根系的2/3为宜。

器皿选择

选择圆球形玻璃容器，用直径较大的陶粒或卵石等介质锚定植株。

★适宜摆放位置★

金琥水培应尽量满足它对阳光的需求，除冬季入室养护外，春、夏、秋季均须全天候放于阳光充足处。

病虫害防治

金琥生性强健，抗病力强，但夏季由于湿、热、通风不良等因素，易受红蜘蛛、介壳虫为害。红蜘蛛个别发生时可摘除病叶；大量发生时可喷 1.8% 阿维菌素 6000 倍液或晶体石硫合剂 400～500 倍液防治，也可用 200～300 倍洗衣粉液或 600～800 倍风油精液防治。介壳虫少量发生时用软刷蘸肥皂水清除，也可结合修剪去除；大量发生时用 10% 吡虫啉 1000～2000 倍液、烟参碱 1000 倍液或速扑杀 1000 倍液进行防治，也可用稀释 4～8 倍的食醋或 600～800 倍风油精液防治。

长寿花

别名：	矮生伽蓝菜、圣诞伽蓝菜、寿星花、红景天。
学名：	Kalanchoe blossfeldiana
科属：	景天科，伽蓝菜属。
原产地：	非洲马达加斯加岛。
花语：	长命百岁、大吉大利。
净化污染物种类：	一氧化碳、二氧化碳。
水培容易程度：	★★

取材方法

选择株型优美的土培植株脱盆、去土、洗净根系泥土，定植于装有清水的容器中进行水生根系诱导培养，或者选择比较健壮的分枝剪下，去除下部叶片，插入水中诱导生根。

生态习性

属短日照花卉，性喜温暖、阳光充足、通风的环境，耐干旱。生长适温为15℃～20℃，越冬最低温度为10℃，温度在24℃以上会抑制开花。

水培管理

水培初期每2～3天换清水一次，15天后可加入营养液，20～25天更新营养液一次。长寿花生长迅速，茎叶生长过高时应进行摘心，促其多分枝，以保持株型优美。长寿花为阳性花卉，但夏季应适当遮光，以降低温度，防止叶片灼伤。秋、冬季应给予充足光照，如光照不足则影响花芽分化，使开花不艳，数量减少。如需要调节花期，要通过控制光周期的方法来实现。若想植株在元旦至春节期间开花，冬季夜间温度应在10℃以上，白天在15℃～18℃之间。

器皿选择

选择小型玻璃容器
（如葫芦状）进行水培。

★适宜摆放位置★

秋、冬季应摆放在光照充足
的环境中，夏季应适当遮光，
以降低温度，防止叶片灼伤。

病虫害防治

易受吹棉虫为害，平时留
心观察，发现害虫及时去除。

西瓜皮椒草

别名：	豆瓣绿、翡翠椒草、青叶碧玉、豆瓣如意。
学名：	Peperomia argyreia
科属：	胡椒科，草胡椒属。
原产地：	西印度群岛、巴拿马、南美洲北部。
花语：	吉祥如意。
净化污染物种类：	甲醛、苯、乙醚、三氯乙烯。
水培容易程度：	★★

取材方法

剪取带叶茎段插在透明玻璃容器中，用白米石或陶粒等固定，诱导水生根系长出。或选取已成型的土培植株，去土洗根定植于容器中，加水浸没根系的 1/3～1/2，诱导生根。

生态习性

性喜高温、湿润、半阴及空气湿度较大的环境。生长适温为 25℃ 左右，不耐高温，要求较高的空气湿度，耐寒力较差，冬季要求室内最低温度不得低于 10℃，否则易受冻害，忌阳光直射。

水培管理

视水分蒸发情况，夏季每 5～10 天添加清水一次，冬季 15～20 天添加清水一次，30～40 天更新营养液一次。冬季可以全阳养护，夏季注意遮阳，否则易灼伤叶片。但过于荫蔽时叶色暗淡，呈灰绿色，且斑纹不明显。

器皿选择

选择小型玻璃容器。

★适宜摆放位置★

摆放在室内有充足散射
光处，切忌强光直射。

病虫害防治

病害以叶斑病、茎腐病常见。偶有介壳虫为害。发生叶斑病可喷施 50% 代森锌 600 倍液或 50% 多菌灵可湿性粉剂 500 ~ 1000 倍液防治。发生茎腐病可用 75% 百菌清可湿性粉剂 800 倍液防治。介壳虫少量发生时用软刷蘸肥皂水清除，也可结合修剪去除；大量发生时用 10% 吡虫啉 1000 ~ 2000 倍液、烟参碱 1000 倍液或速扑杀 1000 倍液进行防治，也可用稀释 4 ~ 8 倍的食醋或 600 ~ 800 倍风油精液防治。

虎尾兰

别名：	虎尾掌、虎皮兰、千岁兰、锦兰。
学名：	Sansevieria trifasciata
科属：	百合科，虎尾兰属。
原产地：	非洲热带地区和印度。
花语：	百纪千年、万寿无疆。
净化污染物种类：	甲醛、硫化氢、苯、三氯乙烯。
清除挥发性有机物能力：	★★★★★
水培容易程度：	★★★

🌱 取材方法

　　将植株脱盆、去土，洗净泥土，用定植杯固定在容器中，营养液浸没根系的1/2即可。

生态习性

　　性喜温暖、湿度大而通风良好的向阳环境。耐半阴，耐干旱，不耐寒，生长适宜的温度为18℃～27℃，低于13℃即停止生长。室温保持在10℃以上可安全越冬。温度过低时常自基部腐烂，造成整个植株死亡。虎尾兰喜光，但夏天应防止烈日暴晒；十分耐阴，可在阴处长期陈设。

🌱 水培管理

　　夏季5～7天换水一次，冬季10～15天换水一次。生长季节每天向叶面喷1～2次水，保持空气湿润，以利叶色浓绿。冬季控水，可每5～7天向叶面喷温水一次。水避免浇在喷簇内，以免低温和积水造成腐烂。

器皿选择

选择比较敦实的容器，用定植杯或介质固定。

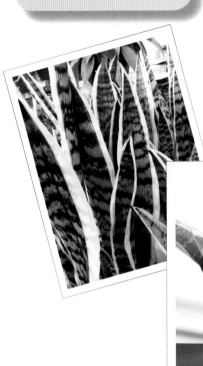

★适宜摆放位置★

需要放在通风良好的向阳处。夏季移至室内有散射光处，冬季摆放在室内阳光充足处。虽也耐阴，但长时间的阴暗条件会使其叶片颜色发暗。

病虫害防治

病害有叶斑病、炭疽病、细菌软腐病、灰霉病、叶枯病。可喷施代森锌、多菌灵可湿性粉剂、甲基托布津和百菌清防治。

石莲花

别名：	宝石花、石莲掌、莲花掌、八宝掌。
学名：	Graptopelaum Paraguayense
科属：	景天科，石莲花属。
原产地：	墨西哥。
花语：	勤劳的管家。
净化污染物种类：	甲醛、乙醚、电磁辐射、二氧化碳。
清除挥发性有机物能力：	★★★★
水培容易程度：	★★

水培管理

将根系的1/3浸入营养液中即可，每10～15天更换一次。夏季高温时，可放在通风良好处养护，应注意遮阴以防日灼；春、秋季需要充足的光照，否则会造成植株徒长，株型松散，叶片变薄，叶色黯淡，叶面白粉减少。

生态习性

性喜温暖、干燥、阳光充足、通风良好的环境，不耐寒，越冬温度不低于10℃。耐烈日也较耐荫蔽，耐干旱，忌水湿，长期放荫蔽处植株易徒长而叶片稀疏。

取材方法

选择株型优美的土培植株脱盆、去土、洗净根系，定植于有清水的容器中，进行水生根系诱导培养，待水生根系长出后更换营养液。

器皿选择

石莲花植株小巧，宜选择小口容器。

适宜摆放位置

摆放在室内光照充足的地方。

病虫害防治

常有锈病、叶斑病为害。发生锈病可喷施波美3～4度石硫合剂防治，生长季喷施25%粉锈宁可湿性粉剂1500倍液防治。发生叶斑病可喷施50%代森锌600倍液防治。

蟹爪兰

别名：	蟹爪莲、蟹爪、锦上添花、仙人花。
学名：	*Zygocactus truncatus*
科属：	仙人掌科，蟹爪兰属。
原产地：	南美、巴西。
花语：	锦上添花、鸿运当头。
净化污染物种类：	二氧化碳、甲醛、电磁辐射。
水培容易程度：	★★

水培管理

15～20天更新营养液一次。生长期保持湿润环境，夏季进入半休眠状态，应放在凉爽荫蔽处，短日照处理可提前开花。

生态习性

性喜温暖、湿润、半阴的环境，不耐严寒和烈日，尤忌干风吹。生长适温为15℃～25℃，越冬温度不低于10℃，5℃以下进入半休眠状态，接近0℃时受冻害。冬季阳光要充足，夏季避免日光直射。

取材方法

将植株洗净根系，用定植杯固定在容器中，根系浸入营养液的0.5～1厘米，视蒸发情况添加清水。

器皿选择

选择带有定植杯的小巧玻璃容器。

适宜摆放位置

冬季摆放在室内阳光充足之处，夏季放在凉爽荫蔽处。

病虫害防治

常发生腐烂病和叶枯病，用50%克菌丹800倍液喷施。虫害有红蜘蛛为害，个别发生时可摘除病叶，大量发生时可喷1.8%阿维菌素6000倍液防治。

参考文献

［1］霍文娟．家庭水培花卉养护．天津：天津科技翻译出版有限公司，2012.

［2］唐芩．懒人植物．南宁：广西科学技术出版社，2003.

［3］唐芩．吉祥植物．南宁：广西科学技术出版社，2003.

［4］彭东辉，吕伟德，彭彪，等．水培花卉．北京：化学工业出版社，2009.

［5］贾稊．现代花卉实用技术全书．北京：中国农业出版社，2004.

［6］张鲁归．室内水栽花卉．上海：同济大学出版社，1998.

［7］孙可群，张应麟，龙雅宜，等．花卉及观赏树木栽培手册．北京：中国林业出版社，1985.

［8］马济民，王迪．水培花卉的培育管理技术．四川农业科技，2009（3）：41.

［9］胡雪雁，朱碧华，杜英．水培花卉的取材及养护技术初探．现代园艺，2006（12）：18-21.

［10］中国园林网：http://www.yuanlin.com.

［11］中国景观植物网：http://plant.archina.com.

［12］中国水培花卉网：http://www.zsnsphh.com.

［13］全球花木网：http://www.huamu.cn.